· EX SITU FLORA OF CHINA ·

中国迁地栽培植物志

主编 黄宏文

AMARYLLIDACEAE
石蒜科

本卷主编 贾 敏 秦路平 张鹏翀 彭彩霞

中国林业出版社
China Forestry Publishing House

内容简介

本志收录了我国主要植物园迁地栽培的石蒜科植物22属58种，其中本土植物29种，列入《中国生物多样性红色名录——高等植物卷》(2013)濒危植物1种、易危植物6种、近危植物1种、中国特有植物17种，原产于南非、大洋洲、南美洲和欧洲的境外分布植物19属29种。每种植物包括了中文名、拉丁名和别名等分类学信息和自然分布、迁地栽培形态特征、引种信息、物候信息、栽培要点及主要用途，并附精美彩色图片展示物种形态学特征；科的范围采用克朗奎斯特（Cronquist）分类系统，属和种分别按照拉丁名字母顺序排列。

本志可供植物学、农学、园林园艺学、环境保护等相关专业的大专院校师生及植物爱好者参考使用。

主编简介

黄宏文：1957年1月1日生于湖北武汉，博士生导师，中国科学院大学岗位教授。长期从事植物资源研究和果树新品种选育，在迁地植物编目领域耕耘数十年，发表论文400余篇，出版专著40余本。主编有《中国迁地栽培植物大全》13卷及多本专科迁地栽培植物志。现为中国科学院庐山植物园主任，中国科学院战略生物资源管理委员会副主任，中国植物学会副理事长，国际植物园协会秘书长。

图书在版编目（CIP）数据

中国迁地栽培植物志. 石蒜科 / 黄宏文主编；贾敏等本卷主编. -- 北京：中国林业出版社, 2021.3
ISBN 978-7-5219-1135-0

Ⅰ. ①中… Ⅱ. ①黄… ②贾… Ⅲ. ①石蒜科—引种栽培—植物志—中国 Ⅳ. ①Q948.52

中国版本图书馆CIP数据核字(2021)第070755号

ZHŌNGGUÓ QIĀNDÌ ZĀIPÉI ZHÍWÙZHÌ · SHÍSUÀNKĒ
中国迁地栽培植物志·石蒜科

出版发行：中国林业出版社
（100009 北京市西城区刘海胡同7号）
电　话：010-83143517
印　刷：北京雅昌艺术印刷有限公司
版　次：2021年9月第1版
印　次：2021年9月第1次印刷
开　本：889mm×1194mm　1/16
印　张：13.25
字　数：355千字
定　价：188.00元

《中国迁地栽培植物志》编审委员会

主　　　任： 黄宏文
常务副主任： 任　海
副　主　任： 孙　航　陈　进　胡永红　景新明　段子渊　梁　琼　廖景平
委　　　员（以姓氏拼音为序）：
陈　玮　傅承新　郭　翎　郭忠仁　胡华斌　黄卫昌　李　标
李晓东　廖文波　宁祖林　彭春良　权俊萍　施济普　孙卫邦
韦毅刚　吴金清　夏念和　杨亲二　余金良　宇文扬　张　超
张　征　张道远　张乐华　张寿洲　张万旗　周　庆

《中国迁地栽培植物志》顾问委员会

主　任： 洪德元
副主任（以姓氏拼音为序）：
陈晓亚　贺善安　胡启明　潘伯荣　许再富
成　员（以姓氏拼音为序）：
葛　颂　管开云　李　锋　马金双　王明旭　邢福武　许天全　张冬林
张佐双　庄　平　Christopher Willis　Jin Murata　Leonid Averyanov
Nigel Taylor　Stephen Blackmore　Thomas Elias　Timothy J Entwisle
Vernon Heywood　Yong-Shik Kim

《中国迁地栽培植物志·石蒜科》编者

主　　编： 贾　敏（海军军医大学）

　　　　　　秦路平（浙江中医药大学）

　　　　　　张鹏翀（杭州植物园）

　　　　　　彭彩霞（中国科学院华南植物园）

副 主 编： 辛海量（海军军医大学）

　　　　　　韩　婷（海军军医大学）

　　　　　　刘兴剑（江苏省中国科学院植物研究所南京中山植物园）

　　　　　　蔡邦平（厦门市园林植物园）

编　　委： 朱仁斌（中国科学院西双版纳热带植物园）

　　　　　　肖春芬（中国科学院西双版纳热带植物园）

　　　　　　梁同军（中国科学院庐山植物园）

　　　　　　王金英（厦门市园林植物园）

　　　　　　高　富（中国科学院昆明植物研究所）

　　　　　　任明波（重庆市药物种植研究所）

　　　　　　李泽鑫（中国科学院植物研究所）

　　　　　　岑华飞（广西壮族自治区中国科学院广西植物研究所）

　　　　　　刘　冰（中国科学院植物研究所）

　　　　　　陈　玲（中国科学院华南植物园）

　　　　　　郑承剑（海军军医大学）

　　　　　　郑国银（海军军医大学）

主　　审： 邓云飞（中国科学院华南植物园）

　　　　　　赵世伟（北京市园林科学研究院）

责任编审： 廖景平　湛青青（中国科学院华南植物园）

摄　　影： 张鹏翀　彭彩霞　刘兴剑　朱仁斌　贾　敏　李泽鑫

　　　　　　徐晔春　蓝　风　李　凯　张　玲　宋　鼎　岑华飞

　　　　　　刘　冰　陈　玲

数据库技术支持： 张　征　黄逸斌　谢思明（中国科学院华南植物园）

《中国迁地栽培植物志·石蒜科》参编单位
（数据来源）

海军军医大学

杭州植物园

中国科学院华南植物园

江苏省中国科学院植物研究所南京中山植物园

厦门市园林植物园

中国科学院西双版纳热带植物园

中国科学院庐山植物园

中国科学院昆明植物研究所

重庆市药物种植研究所

广西壮族自治区中国科学院广西植物研究所

中国科学院植物研究所

《中国迁地栽培植物志》编研办公室

主 任： 任 海
副主任： 张 征
主 管： 湛青青

序 FOREWORD

中国是世界上植物多样性最丰富的国家之一，有高等植物33000~35000种，约占世界总数的10%，仅次于巴西，位居全球第二。中国是北半球唯一横跨热带、亚热带、温带到寒带森林植被的国家。中国的植物区系是整个北半球早中新世植物区系的孑遗成分，且在第四纪冰川期中，因我国地形复杂、气候相对稳定的避难所效应，又是植物生存、物种演化的重要中心，同时，我国植物多样性还遗存了古地中海和古南大陆植物区系，因而形成了我国极为丰富的特有植物，有约250个特有属、15000~18000特有种。中国还有粮食植物、药用植物及园艺植物等摇篮之称，几千年的农耕文明孕育了众多的栽培植物的种质资源，是全球资源植物的宝库，对人类经济社会的可持续发展具有极其重要意义。

植物园作为植物引种、驯化栽培、资源发掘、推广应用的重要源头，传承了现代植物园几个世纪科学研究的脉络和成就，在近代的植物引种驯化、传播栽培及作物产业国际化进程中发挥了重要作用，特别是经济植物的引种驯化和传播栽培对近代农业产业发展、农产品经济和贸易、国家或区域的经济社会发展的推动则更为明显，如橡胶、茶叶、烟草及众多的果树、蔬菜、药用植物、园艺植物等。特别是哥伦布到达美洲新大陆以来的500多年，美洲植物引种驯化及其广泛传播、栽培深刻改变了世界农业生产的格局，对促进人类社会文明进步产生了深远影响。植物园的植物引种驯化还对促进农业发展、食物供给、人口增长、经济社会进步发挥了不可替代的重要作用，是人类农业文明发展的重要组成部分。我国现有约200个植物园引种栽培了高等维管植物约396科3633属23340种（含种下等级），其中我国本土植物为288科2911属约20000种，分别约占我国本土高等植物科的91%、属的86%、物种数的60%，是我国植物学研究及农林、环保、生物等产业的源头资源。因此，充分梳理我国植物园迁地栽培植物的基础信息数据，既是科学研究的重要基础，也是我国相关产业发展的重大需求。

然而，我国植物园长期以来缺乏数据整理和编目研究。植物园虽然在植物引种驯化、评价发掘和开发利用上有悠久的历史，但适应现代植物迁地保护及资源发掘利用的整体规划不够、针对性差且理沦和方法研究滞后。同时，传统的基于标本资料编纂的植物志也缺乏对物种基础生物学特征的验证和"同园"比较研究。我国历时45年，于2004年完成的植物学巨著《中国植物志》受到国内外植物学者的高度赞誉，但由于历史原因造成的模式标本及原始文献考证不够，众多种类的鉴定有待完善；*Flora of China*虽弥补了模式标本和原始文献考证的不足，但仍然缺乏对基础生物学特征的深入研究。

《中国迁地栽培植物志》致力于创建一个"活"植物志，成为支撑我国植物迁地保护和可持续利用的基础信息数据平台。《中国迁地栽培植物志》编撰立足对我国植物园引种栽培的20000多种高等植物的实地形态特征、物候信息、用途评价、栽培要领等综合信息和翔实的图片。从学科上支撑分类学修订、园林园艺、植物生物学和气候变化等研究；从应用上支撑我国生物产业所需资源发掘及利用。植物园长期引种栽培的植物与我国农林、医药、环保等产业的源头资源密切相关。由于人类大量活动的影响，植物赖以生存的自然生态系统遭到严重破坏，致使植物灭绝威胁增加；与此同时，绝大部分植物资源尚未被人类认识和充分利用。在当今全球气候变化、经济高速发展和人口快速增长的背景下，植物园作为植物资源保存和发掘利用的"诺亚方舟"将在解决当今世界面临的食物保障、医药健康、工业原材料、环境变化等重大问题中发挥越来越大的作用。

《中国迁地栽培植物志》编研致力于全面系统地整理我国迁地栽培植物基础数据资料、建设专科、专属、专类植物类群进行规范的数据库建设和翔实的图文资料库，既支撑我国植物学基础研究，又注重对我国农林、医药、环保产业的源头植物资源的评价发掘和利用，具有长远的基础数据资料的整理积累和促进经济社会发展的重要意义。植物园的引种栽培植物在植物科学的基础性研究中有着悠久的历史，支撑了从传统形态学、解剖学、分类系统学研究，到植物资源开发利用、为作物育种提供原始材料，以及现今分子系统学、新药发掘、活性功能天然产物等科学前沿，乃至植物物候相关的全球气候变化研究。

《中国迁地栽培植物志》原始数据基于中国植物园活植物收集，通过植物园栽培活植物特征观察收集，获得充分的比较数据，为分类系统学未来发展提供翔实的生物学资料，提升植物生物学基础研究，为植物资源新种质发现和可持续利用提供更好的服务。《中国迁地栽培植物志》将以实地引种栽培活植物形态学性状描述的客观性、评价用途的适用性、基础数据的服务性为基础，并聚焦生物学、物候学、栽培繁殖要点和应用；以彩图翔实反映茎、叶、花、果实和种子特征为依据，在完善建立迁地栽培植物资源动态信息平台和迁地保育植物的引种信息评价、保育现状评价管理系统的基础上，以科、属或具有特殊用途、特殊类别的专类群的整理规范，采用图文并茂方式编撰成卷（册）并鼓励编研创新。编撰全面收录了中国的植物园、公园等迁地保护和收集栽培的高等植物，服务于我国农林、医药、环保、新兴生物产业的源头资源信息和源头资源种质，也将为诸如气候变化背景下植物适应性机理、比较植物遗传学、比较植物生理学、入侵植物生物学等现代学科领域及植物资源的深度发掘提供基础性科学数据和种质资源材料。

《中国迁地栽培植物志》总计约60卷册，10~20年完成。计划2015—2020年完成20~25卷册的开拓性工作。同时以此推动《世界迁地栽培植物志》（*Ex Situ Flora of the World*）计划，形成以我国为主的国际植物资源编目和基础植物数据库建立的项目引领效应。今《中国迁地栽培植物志·石蒜科》书稿付梓在即，谨此为序。

黄宏文
2021年5月18日于广州

前言 PREFACE

　　石蒜科（Amaryllidaceae）植物全世界约有100属1200种，分布于全球热带至亚热带地区，主产美洲、非洲，欧亚也有分布；我国自然分布的有7属28种3变种，主要分布于长江以南地区。石蒜科植物的很多种类具有很高的药用和观赏价值，一直以来都是一类极具开发前景的植物。

　　石蒜科植物多为多年生草本，具地下鳞茎或根状茎。叶多数基生或互生，常2列，多少肉质，具平行脉，线形、披针形或椭圆形，通常全缘。花单生或排列成伞形花序、总状花序、穗状花序、圆锥花序，通常具佛焰苞状总苞片，总苞片1至数枚，膜质；花两性，辐射对称或两侧对称；花被裂片6枚，2轮，近相等，稀异型；花被管存在或不存在；花被裂片基部具附属物或无，有时附属物联合成副花冠或雄蕊杯；雄蕊通常6枚，着生于花被管喉部或基生，花药背着或基着，通常内向开裂；子房下位或上位，通常3室，稀1室，中轴胎座，每室具胚珠多数或少数，花柱细长，柱头头状或3裂。蒴果多数背裂或不整齐开裂，很少为浆果状；种子的形态各异，含有胚乳。

　　石蒜科植物尤其是同属种类的营养体十分相似，难以作为种类鉴定的主要特征，而花部结构质地柔弱，一经压制成腊叶干标本后，许多原貌特征（如花色、反卷和褶皱的程度等）都会丢失，仅依靠文字记载和腊叶标本难以准确鉴定到种。即使是长期从事石蒜科研工作，在开展野外调查和资源开发利用时，有时也难以将文献论著中的种类与活植物实体相互对应。近年来，随着我国花卉产业的迅速发展，大量石蒜科的观赏植物不断引入国内栽培，其养护及应用的方法有待进一步探索，物种的鉴定及相关资料的查证存在很大困难，对于这些物种，国内植物志书尚未收录，为广大园林工作者和园艺爱好者认知和应用石蒜科植物带来了诸多不便。

　　自2012年起，我国十余个植物园相继开展了石蒜科植物的野外资源调查、引种驯化和栽培应用等方面的研究，中国植物园迁地栽培石蒜科植物22属58种。为了充分发挥植物园"同园"实地观测的优势，获得石蒜科植物迁地栽培的物种形态、物候观测、栽培繁殖、病虫害防治等基础数据，在科技部基础性工作专项"植物园迁地保护植物编目及信息标准化"（No. 2009FY120200）和科技部基础性工作专项"植物园迁地栽培植物志编撰"（No. 2015FY210100）的支持下，我们对国内主要植物园栽培的石蒜科植物开展清查、疑难物种鉴定和名称查证、物候观测与凭证图片采集等工作，基于这些数据资料，共同编撰了《中国迁地栽培植物志·石蒜科》一书，为石蒜科植物的深入研究提供科学数据和参考。

　　一些植物园在石蒜科植物的引种驯化、物种保育、栽培应用等方面已开展了数十年的研究，具有很好的基础。自2011年9月开始，参与编撰工作的各植物园开始整理石蒜科植物名录，规范编撰内容和物种描述格式，部署物候观测及引种登录历史资料收集；2012—2015年，各参编单位开展活体植物形态观察、物种鉴定及名称查证等大量前期准备；2015年6月正式启动本志的编撰工作。在编撰过程中我们遇到许多困难，包括物种的引种、登录、物候等信息不全或缺乏，文献收集和物种名实考证等。早期发表的物种主要为欧美学者发表，以拉丁文描述，多数基于腊叶标本，物种描述往往与实际情况存在一定差异，难以准确把握物种的鉴别性特征。本志编研过程中的主要问题总结如下：

1. 修订和完善物种的形态学特征

通过植物园迁地栽培的活体植物及其物候观察与记录，持续认识植物的生物学特征，继而进一步认识和利用植物，是植物园数百年来的传统和使命。《中国植物志》中对石蒜属的形态学描述不尽详细和准确，由于部分种类模式标本的缺失，以及近年来一些种类野外种群尚未被记录和发现，Flora of China 中的石蒜科部分仅仅是对《中国植物志》的相关内容进行翻译，并未进行修订和完善。杭州植物园建立了国家级石蒜属种质资源库，收集了国产石蒜属的所有种类。在此基础上，结合多年来同园栽培条件大量、连续的物候观测与记录数据，对石蒜属所有种类的形态学特征进行了修订和补充完善。与《中国植物志》和 Flora of China 相比，本志增加了本土物种红蓝石蒜（Lycoris haywardii），以及近年来发表的2个新种湖北石蒜（L. hubeiensis）和秦岭石蒜（L. tsinlingensis），目前为收录和描述石蒜属植物种类最新的专著。

2. 补充濒危等级评估及受威胁等级物种

我国于1991年开始编写中国植物红皮书（傅立国 等，1992）。《中国物种红色名录第一卷：红色名录》（汪松 等，2004）第一次采用IUCN红色名录标准（3.1版），对3,624种被子植物的受威胁程度（CR, EN和VU）进行了评估。2013年9月环境保护部以第54号公告形式正式发布了《中国生物多样性红色名录——高等植物卷》。依据2013年以后的新资料对该名录及受威胁等级等信息进行少量更新后，覃海宁等（2017）发表了《中国高等植物受威胁物种名录》。本志收录物种中，其中有1种被列为濒危（EN），即安徽石蒜（L. anhuiensis）；6种被列为易危（VU），即短葶仙茅（Curculigo breviscapa）、广西石蒜（L. guangxiensis）、江苏石蒜（L. houdyshelii）、长筒石蒜（L. longituba var. longituba）、黄长筒石蒜（L. longituba var. flava）和稻草石蒜（L. straminea）；1种被列为近危种（NT），即短蕊石蒜（L. caldwellii）。中国特有物种17种。

但是，由于石蒜属是重要的药用植物，对其需求量较大，而栽培较少，人工采挖现象十分严重，加之野外生境的改变，野生资源已急剧下降。作者根据近年来野外调查和引种的记录信息，对石蒜属的其他所有本土种类的受威胁情况进行了评估，建议将陕西石蒜（L. shaanxiensis）、鹿葱（L. squamigera）和湖北石蒜（L. hubeiensis）列入濒危物种（EN），将乳白石蒜（L. albiflora）、香石蒜（L. incarnata）、玫瑰石蒜（L. rosea）、红蓝石蒜（L. haywardii）和秦岭石蒜（L. tsinlingensis）列入近危物种（NT），将中国石蒜（L. chinensis）列入易危物种（VU），以便更好地对石蒜属这一极具中国特色的植物资源进行保护和利用。

3. 完成国外植物的中文物种描述

石蒜科的世界分布中心为南非和南美洲，我国植物园引种收集了很多国外石蒜科植物，很少种类有中文描述。本志收录了19属29种引种自国外的石蒜科植物，其中包括垂筒花属（*Cyrtanthus* Aiton）、南美水仙属（*Eucharis* Planch. & Linden）、龙须石蒜属（*Eucrosia* Ker Gawl.）、美花莲属（*Habranthus* Herb.）、虎耳兰属（*Haemanthus* L.）、假葱属（*Nothoscordum* Kunth）、玉簪水仙属（*Proiphys* Herb.）、小顶红属（*Rhodophiala* C. Presl）和紫娇花属（*Tulbaghia* L.）等，详细介绍了其形态特征、分布及用途等信息，有助于更好地认识、鉴定、栽培和开发利用石蒜科植物资源。

4. 介绍了石蒜科植物在园林景观中的应用

石蒜科植物适应性强，病虫害少，易栽培管理，具有丰富的花型和花色，叶片挺拔直立、姿态幽雅，是世界著名的球根花卉之一。园林中宜配植在草地边缘、林缘、稀疏林下、房前屋后，或成片种植作为路边、花坛、花境等材料，也可丛植、孤植点缀于岩石缝间组成岩生园景，且很多种类花期集中在夏末秋初的少花季节，如石蒜属、水鬼蕉属和葱莲属等，是十分理想的低养护地被植物。此外，石蒜科植物花朵硕大，花莛粗壮、直立修长，且吸水性好、花期长，是优良的鲜切花材料。日本、美国和欧洲早已进行大规模的鲜切花生产，台湾淡水地区也在20世纪80年代初，对忽地笑进行大量栽培，将鲜切花远销日本。石蒜科植物还可盆栽供室内观赏，如盆栽的君子兰、水仙等是著名的年宵花卉。

5. 促进了新品种的开发与应用

石蒜科的分类地位历史上发生过多次的变化，属间甚至科间的生殖隔离不严格，这就给杂交育种工作带来了便利，涌现出较多的人工或天然杂交种类，尤其是石蒜属，其中一半以上的种均为杂交起源种。朱顶红属、葱莲属、水仙属、垂筒花属和石蒜属等国内外培育和登录了大量的品种。杭州植物园自20世纪70年代末即开始了石蒜属植物杂交育种的工作，经过四十多年的积累，创制了大量优质的杂交种质资源，种质资源的保育处于世界领先水平，并于2016年11月正式被授予首个国家级石蒜属种质资源库，并于2016—2018年在荷兰皇家球根种植者协会（KAVB）成功登录了'桃红''小卷''秀丽''绣球''花港观鱼'和'苏堤春晓'等6个石蒜属植物新品种。华南植物园孔国辉教授自1999年以来，利用空闲时间，收集各国数十个优良朱顶红品种，开展试种、观察、杂交等大量工作，通过定向杂交的方法选育出十余个性状稳定的朱顶红品种，2018—2019年，在荷兰皇家球根种植者协会（KAVB）成功登录了'粉红荷花''红色木棉''粤剧名伶'等3个朱顶红新品种。此外，2019年石蒜属、朱顶红属正式纳入到我国农业新品种保护名录中，开启了我国石蒜科植物新品种保护工作的新篇章。

本志在科的范畴上采用克朗奎斯特（Cronquist）分类系统，属和种分别按照拉丁名字母顺序排列。收录了我国主要植物园迁地栽培的石蒜科植物22属58种。其中列入《中国生物多样性红色名录——高等植物卷》（2013）的濒危植物1种、易危植物6种、近危植物1种，中国特有植物17种，引种自非洲、大洋洲、南美洲和欧洲而我国不产的有19属29种，纠正了植物园鉴定错误的物种名称。每种植物都包括中文名、拉丁名、别名等分类学信息和自然分布、迁地栽培形态特征、引种信息、物候信息、栽培要点及主要用途，并附精美彩色图片约400幅，展示物种形态学特征。

本书承蒙以下研究项目的大力资助：科技基础性工作专项——植物园迁地栽培植物志编撰（2015FY21010C）；中国科学院华南植物园"一三五"规划（2016—2020）——中国迁地植物大全及迁地栽培植物志编研；生物多样性保护重大工程专项——重点高等植物迁地保护现状综合评估；国家基础科学数据共享服务平台——植物园主题数据库；中国科学院

核心植物园特色研究所建设任务：物种保育功能领域；广东省数字植物园重点实验室；中国科学院科技服务网络计划（STS计划）——植物园国家标准体系建设与评估（KFJ-3W-Nol-2）；中国科学院大学研究生/本科生教材或教学辅导书项目。在此表示衷心感谢！

  本书在编写过程中，得到中国科学院华南植物园廖景平研究员和湛青青博士的大力支持和帮助，本书编撰人员受益匪浅。同时，本书的出版，有赖于全国11个植物园共同努力和团结协作，它们是：中国科学院西双版纳热带植物园（以下简称西双版纳热带植物园）、中国科学院华南植物园（以下简称华南植物园）、厦门市园林植物园、广西壮族自治区中国科学院广西植物研究所（以下简称桂林植物园）、中国科学院昆明植物研究所（以下简称昆明植物园）、中国科学院庐山植物园（以下简称庐山植物园）、重庆市药物种植研究所重庆药用植物园（以下简称重庆药用植物园）、杭州植物园、海军军医大学药用植物园（以下简称海医大药植园）、江苏省中国科学院植物研究所南京中山植物园（以下简称南京中山植物园）、中国科学院植物研究所北京植物园（以下简称北京植物园），以上植物园按所处地理位置由南向北依次排列。在此谨向为本书付出心血的单位和个人表示最诚挚的感谢！

  由于编撰水平有限，书中错误在所难免，请读者在使用过程中给予批评指正！

作者
2021年5月

目录 CONTENTS

序 ... 6

前言 ... 8

概述 ... 16

    一、石蒜科植物的基本特征 ... 18

    二、石蒜科植物的地理分布和分类 ... 21

    三、石蒜科植物的应用与开发 ... 21

    四、石蒜科植物的繁殖与栽培管理 ... 23

各论 ... 26

    石蒜科 Amaryllidaceae J. St.-Hil. ... 26

    分属检索表 ... 28

    君子兰属 *Clivia* Lindl. ... 29

        君子兰属分种检索表 ... 29

        1 君子兰 *Clivia miniata* (Lindl.) Bosse ... 30

        2 垂笑君子兰 *Clivia nobilis* Lindl. ... 33

    文殊兰属 *Crinum* L. ... 36

        文殊兰属分种检索表 ... 36

        3 红花文殊兰 *Crinum* × *amabile* Donn ... 37

        4 文殊兰 *Crinum asiaticum* var. *sinicum* (Roxb. ex Herb.) Baker ... 40

        5 红叶大文殊兰 *Crinum asiaticum* var. *pedunculatum* (R. Br.) Fosberg et Sachet ... 43

        6 硬叶文殊兰（新拟）*Crinum firmifolium* Baker ... 46

        7 香殊兰 *Crinum moorei* Hook. f. ... 49

仙茅属 *Curculigo* Gaertn. 52

    仙茅属分种检索表 53

    8 短莛仙茅 *Curculigo breviscapa* S. C. Chen 54

    9 大叶仙茅 *Curculigo capitulata* (Lour.) Kuntze 57

    10 绒叶仙茅 *Curculigo crassifolia* (Baker) Hook. f. 60

    11 光叶仙茅 *Curculigo glabrescens* (Ridl.) Merr. 62

    12 疏花仙茅 *Curculigo gracilis* (Kurz) Hook. f. 64

    13 仙茅 *Curculigo orchioides* Gaertn. 67

    14 中华仙茅 *Curculigo sinensis* S. C. Chen 69

垂筒花属 *Cyrtanthus* W. Aiton 72

    15 垂筒花 *Cyrtanthus mackenii* Hook. f. 73

南美水仙属 *Eucharis* Planch. 76

    16 南美水仙 *Eucharis* × *grandiflora* Planch. et Linden 77

龙须石蒜属 *Eucrosia* Ker Gawl. 80

    17 龙须石蒜 *Eucrosia bicolor* Ker Gawl. 81

美花莲属 *Habranthus* Herb. 84

    18 壮石蒜 *Habranthus robustus* Herb. 85

虎耳兰属 *Haemanthus* L. 88

    19 虎耳兰 *Haemanthus albiflos* Jacq. 89

朱顶红属 *Hippeastrum* Herb. 92

    朱顶红属分种检索表 92

    20 白肋朱顶红 *Hippeastrum reticulatum* var. *striatifolium* (Herb.) Herb. 93

    21 朱顶红 *Hippeastrum striatum* (Lam.) H. E. Moore 95

水鬼蕉属 *Hymenocallis* Salisb. 98

    22 水鬼蕉 *Hymenocallis littoralis* (Jacq.) Salisb. 99

小金梅草属 *Hypoxis* L. 102

    23 小金梅草 *Hypoxis aurea* Lour. 103

雪片莲属 *Leucojum* L. 105

    24 夏雪片莲 *Leucojum aestivum* L. 106

石蒜属 *Lycoris* Herb. 109

    石蒜属分种检索表 110

    25 乳白石蒜 *Lycoris albiflora* Koidz. 111

    26 安徽石蒜 *Lycoris anhuiensis* Y. Xu et G. J. Fan 114

    27 忽地笑 *Lycoris aurea* (L'Hér.) Herb. 116

28 短蕊石蒜 *Lycoris caldwellii* Traub ·· 119
29 济州石蒜 *Lycoris chejuensis* K. H. Tae et S. C. Ko ························ 122
30 中国石蒜 *Lycoris chinensis* Traub ·· 124
31 广西石蒜 *Lycoris guangxiensis* Y. Xu et G. J. Fan ························ 127
32 红蓝石蒜 *Lycoris haywardii* Traub ·· 129
33 江苏石蒜 *Lycoris houdyshelii* Traub ······································ 132
34 湖北石蒜 *Lycoris hubeiensis* Kun Liu ···································· 134
35 香石蒜 *Lycoris incarnata* Comes ex Sprenger ····························· 136
36 长筒石蒜 *Lycoris longituba* var. *longituba* Y. Hsu et G. J. Fan ············ 138
37 黄长筒石蒜 *Lycoris longituba* var. *flava* Y. Hsu et X. L. Huang ············ 141
38 石蒜 *Lycoris radiata* (L'Hér.) Herb. ······································· 143
39 玫瑰石蒜 *Lycoris rosea* Traub et Moldenke ································ 146
40 血红石蒜 *Lycoris sanguinea* Maxim. ······································ 148
41 陕西石蒜 *Lycoris shaanxiensis* Y. Xu et Z. B. Hu ··························· 150
42 换锦花 *Lycoris sprengeri* Comes ex Baker ································ 153
43 鹿葱 *Lycoris squamigera* Maxim. ·· 155
44 稻草石蒜 *Lycoris straminea* Lindl. ······································· 157
45 秦岭石蒜 *Lycoris tsinlingensis* P. C. Zhang ································ 160

水仙属 *Narcissus* L. ·· 162
  水仙属分种检索表 ·· 162
  46 黄裙水仙 *Narcissus bulbocodium* L. ·································· 163
  47 水仙 *Narcissus tazetta* subsp. *chinensis* (M. Roem.) Masam. et Yanagih. ···· 165

假葱属 *Nothoscordum* Kunth ·· 167
  48 假韭 *Nothoscordum gracile* (Aiton) Stearn ····························· 168

晚香玉属 *Polianthes* L. ··· 170
  49 晚香玉 *Polianthes tuberosa* L. ······································· 171

玉簪水仙属 *Proiphys* Herb. ·· 173
  50 玉簪水仙 *Proiphys amboinensis* (L.) Herb. ······························ 174

小顶红属 *Rhodophiala* C. Presl ··· 177
  51 淡红华胄 *Rhodophiala rosea* (Sweet) Traub ····························· 178

网球花属 *Scadoxus* Raf. ·· 181
  52 网球花 *Scadoxus multiflorus* (Martyn) Raf. ······························ 182

龙头花属 *Sprekelia* Heist. ·· 185
  53 龙头花 *Sprekelia formosissima* Herb. ·································· 186

紫娇花属 *Tulbaghia* L. · 188
 54 紫娇花 *Tulbaghia violacea* Harv. · 189

葱莲属 *Zephyranthes* Herb. · 192
 葱莲属分种检索表 · 192
 55 葱莲 *Zephyranthes candida* (Lindl.) Herb · 193
 56 韭莲 *Zephyranthes carinata* Herb. · 196
 57 黄花葱莲 *Zephyranthes citrina* Baker · 199
 58 玫瑰韭莲 *Zephyranthes rosea* Lindl. · 201

参考文献 · 204
附录1　各植物园栽培石蒜科植物种类统计表 · 206
附录2　各植物园地理环境 · 208
中文名索引 · 211
拉丁名索引 · 212

概述
Overview

一、石蒜科植物的基本特征

石蒜科植物多为多年生草本，稀半灌木、灌木或乔木状，具鳞茎或根状茎。

| 湖北石蒜鳞茎球形 | 网球花鳞茎扁球形 | 文殊兰鳞茎圆柱形 | 仙茅根状茎 |

石蒜科植物的鳞茎或根状茎

叶多数基生，具平行脉，线形、披针形或椭圆形，全缘或有刺状锯齿。

白肋朱顶红　　葱莲　　短莛仙茅

君子兰　　水鬼蕉　　玉簪水仙

石蒜科植物的叶

花单生或排列成伞形花序、总状花序、穗状花序、圆锥花序，通常具佛焰苞状总苞片，总苞片1至数枚，膜质；花两性，辐射对称或两侧对称；花被片6枚，2轮，近相等，稀异型；花被管存在或不存在；花被裂片基部具附属物或无，有时附属物联合成副花冠或雄蕊杯；雄蕊通常6枚，着生于花被管喉部或基生，花药背着或基着，通常内向开裂；子房下位或上位，通常3室，稀1室，中轴胎座，每室具胚珠多数或少数，花柱细长，柱头头状或3裂。

石蒜科植物的花序

石蒜科植物的花

蒴果多数背裂或不整齐开裂，很少为浆果状；种子形态各异，含有胚乳。

中国迁地栽培植物志·石蒜科

垂筒花　　　　　　　　　　　　　光叶仙茅

文殊兰　　　　　　　　　　　　　紫娇花

石蒜科植物的果实

垂筒花　　　　　　　　　　　　　光叶仙茅

换锦花　　　　　　　　　　　　　紫娇花

石蒜科植物的种子

20

二、石蒜科植物的地理分布和分类

石蒜科产全球热带至亚热带地区，温带较少，约有100属1200种，主产美洲、非洲，欧亚也有分布；*Flora of China*第24卷（钱啸虎 等，2000）收录我国约有10属34种，其中特有物种14种，引进栽培4种。

石蒜科植物在我国的野生分布主要集中在长江以南地区，主要生长在河床、砂地、荒草地、山坡、路边灌丛、石缝间、溪沟边以及滨海地区或岛屿。其中文殊兰属分布于福建、台湾、广东、广西、贵州和云南，鸢尾蒜属分布于新疆北部，石蒜属分布于长江流域以及山东、陕西、河南等地，水仙属分布（逸生）于浙江、福建沿海岛屿，仙茅属分布华南与广西、四川、贵州和云南等地。

石蒜科由法国自然学家Jean Henri Jaume St Hilaire（1805）正式命名为Amaryllidaceae，其模式为Amaryllis，源于著名的奥维德神话，是提奥克里特和维吉尔中一位美丽的罗马牧羊女的名字。1846年，Lindley对单子叶植物进行了重新定义和较大的扩展，将百合科（Liliaceae）作为百合目的一个单系类群，这使得百合科与石蒜科分开，其中百合科分为7族133属，而石蒜科分为4族68属。系统分类学家Eichler于1886年首次将石蒜科和百合科归并入百合目（Liliiflorae），成为单子叶植物7个目之一。1888—1903年Adolf Engler在Pax的帮助下，进一步发展和改进了Eichler的系统，最终将百合科和石蒜科归入百合亚目中。20世界初期，有关葱属（*Allium*）是否应该归入百合科的争论不断提出，植物学家Lotsy第一个建议将其分出，并将百子莲科（Agapanthaceae）、葱科（Alliaceae）和诱蜂韭科（Gilliesiaceae）自百合科中独立成科。1926年，Hutchinson对Brown依据子房位置而将石蒜科和百合科分开的观点，将石蒜科限定为具有鳞茎和伞形花序的植物，因此把百子莲科、葱科和诱蜂韭科从百合科归入石蒜科。Thorne（1976）和Cronquist（1988）仍建议将石蒜科和百合科合并处理。现代分子生物学依据叶绿体DNA序列证明石蒜科大约于8700万年前（Meerow *et al.*，1999）起源于非洲（Janssen *et al.*，2004），由石蒜亚科（Amaryllidoideae）、葱亚科（Allioideae）和百子莲亚科（Agapanthoideae）组成（Chase *et al.*，2009）。在全球都有分布的石蒜亚科的种类最多，葱亚科分布于北半球，非洲和美洲也有分布，百子莲亚科只有一个百子莲属（*Agapanthus*），原产南非。

三、石蒜科植物的应用与开发

1. 观赏价值

石蒜科植物适应性强，耐干旱，稍具耐阴性和抗寒性，病虫害少，易栽培，可粗放管理。具有丰富的花型和花色，叶片挺拔直立、姿态幽雅，是世界著名的球根花卉之一。园林中宜配植在草地边缘、林缘、稀疏林下、房前屋后，或成片种植作为路边、花坛、花境等材料，也可丛植、孤植点缀于岩石缝间组成岩生园景，且很多种类花期集中在夏末秋初的少花季节，如石蒜属等，是十分理想的低养护地被植物。此外，石蒜科植物花朵硕大，花葶粗壮、直立修长，且吸水性好、花期长，是优良的鲜切花材料。日本、美国和欧洲早已进行大规模的鲜切花生产，台湾淡水地区也在20世纪80年代初，对忽地笑进行大量栽培，将鲜切花远销日本。石蒜科植物还可盆栽供室内观赏，如盆栽的君子兰、水仙等是著名的"年宵"花卉。随着种质资源的不断创新和花卉产业的不断发展，越来越多的石蒜科植物被应用到园林和人们的日常生活当中。

2. 药用价值

石蒜科植物很多都具有药用价值。石蒜属植物自古在民间即被作为药用植物而利用，民间一般把鳞茎捣烂外敷治疗疔疮肿毒、毒蛇咬伤、急喉风、瘰疬、风湿性关节炎、妊娠水肿等，还可用于治疗牛瘤胃积食等兽病，还可配制土农药杀灭孑孓、蛆虫及蟑螂等害虫。石蒜始载于《图经本草》，主要用于"敷贴肿毒"。《本草纲目拾遗》中记载："治喉风、痰核、白火丹、肺痈，煎酒服"。

石蒜科植物的观赏价值

石蒜科植物含多种生物碱，具有祛痰、催吐、利尿、解毒等功效。改进石蒜碱结构得到的石蒜内铵可用于治疗晚期宫颈癌、卵巢癌，且毒性低。石蒜碱本身还具有镇痛、降压、抗炎、抗病毒的作用。从石蒜中提取的加兰他敏用于治疗小儿麻痹症的后遗症、重症肌无力、肠麻痹疗效显著，还可作为抗箭毒类药物和手术麻醉后的催醒剂，以及治疗阿尔兹海默症的特效药。此外，伪石蒜碱具有抗肿瘤作用，石蒜伦碱有降压作用。其鳞茎除含有大量生物碱外，还含有淀粉、糖胶、糊精、多糖及凝集素等多种成分。石蒜多糖和石蒜凝集素更是分别成为降血糖、抗人类Ⅱ型单纯疱疹和抑制Ⅰ型、Ⅱ型HIV病毒的新一代药物。仙茅的根状茎药用有补肾壮阳、散寒除痹之效。水仙除栽培供观赏外，鳞茎也含有石蒜碱、多花水仙碱等，可供药用。

3. 经济价值

石蒜科植物许多种类富有经济价值。观赏植物有水仙、君子兰、葱莲、文殊兰、朱顶红、晚香玉、水鬼蕉、网球花等。水仙属植物具有极高的观赏价值，经过长期培育的园艺品种，据英国皇家园艺学会统计已超过8000个。中国在1300多年前的唐代即有栽培，深得人们喜爱，是中国的"十大名花"之一，以上海崇明县和福建漳州水仙最为有名。黄水仙在欧洲栽培历史悠久，19世纪30年代以来，荷兰、比利时、英国等国对黄水仙的育种和品种改良做了大量工作，至今栽培品种已达到26000个。近年来，朱顶红在国内市场迅猛发展，引进国外的优良品种也逾千个，产生了可观的经济效益和产值。石蒜属鳞茎富含淀粉和胶质，可提取作糨糊和浆布用作工业，或制成石蒜粉用于建筑涂料；也可利用石蒜制作酒精，提取的植物胶可代替阿拉伯胶；还可将其提取制成高效杀虫、杀菌的生物农药，用于农作物病虫害防治，且不会产生环境污染；此外，鳞茎中还含有多种氨基酸和矿质元素，对其脱毒处理后可以开发为纯天然绿色食品。

4. 研究与开发

石蒜科植物由于较高的观赏和药用价值受到越来越多的关注，国内众多的研究机构和植物园开展了相关的研究和开发。江苏、安徽和浙江等石蒜科分布较为集中的地区开展了石蒜科的野生植物资源的调查，但对整体的种质资源状况还不是特别清楚，缺乏种群分布的详细资料，其中有些种类仅有文献记载，模式标本已经缺失。杭州植物园、南京中山植物园、中国科学院华南植物园、厦门市园林植物园、中国科学院西双版纳热带植物园、中国科学院植物研究所等很多单位都开展了大量的石蒜科植物的迁地保育工作。但基础研究起步较晚仍显薄弱，如栽培技术、遗传育种和生理生态等。分类与系统进化方面，除了染色体核型、花粉学、植物化学等研究外，不断深入到分子生物学的研究，利用分子生物学的证据构建系统发育树，对种间的关系进行梳理和验证。杭州植物园于2017年正式被授予首个国家级石蒜属种质资源库，并于2016—2018年在荷兰皇家球根种植者协会（KAVB）成功登录了'桃红''小卷''秀丽''绣球''花港观鱼'和'苏堤春晓'等石蒜属植物新品种。华南植物园孔国辉研究员于2019年在荷兰皇家球根种植者协会（KAVB）成功登录了'粉红荷花''红色木棉''粤剧名伶'等朱顶红属植物新品种。此外，2019年4月1日石蒜属植物正式纳入到我国农业新品种保护名录中，开启了我国石蒜属植物新品种工作的新篇章。然而，近年来由于经济利益的驱使，野生资源遭到大量的采挖，破坏较为严重，有些种类已经濒临灭绝。因此，急需建立石蒜科植物的现代化产业体系来满足日益增长的市场需求，同时加强对野生资源的保护，走可持续发展的道路。

四、石蒜科植物的繁殖与栽培管理

由于石蒜科植物大多数具有鳞茎或根状茎，有较强的适应性和抗性，因此，种植石蒜科植物在一定程度上不需要太多的精力和耐心，可以算得上一种难得的消遣。从栽培和繁育的角度，石蒜科植物可以分类两大类：冬季生长型和夏季生长型，这两类植物中也有一些是常绿的种类。栽培的成功首先需要了解其生态习性和野生生境，这样才能在其休眠期和生长期进行有针对性的管理。栽植地的气候条件，如雨季和气温等是决定该种类是地栽还是需要防雨、保暖的措施等。石蒜科不同属的植物所需要的光照和水分条件也是不同的，如果光照太多或太少虽然不会影响植物的生长，但会导致花量少甚至不开花，如君子兰在阴生条件下生长良好但很少会开花。自从17世纪以来，石蒜科植物陆续被发现并在欧洲（北半球）很多国家进行栽培，如英格兰、法国、德国和荷兰等。当时的园艺学家可以使石蒜科植物在如此不同、且多变的气候条件下让其开花，不得不令人叹为观止。虽然现在广大的花卉爱好者栽种石蒜科植物，但也仅限于市场上流通的少数一些易养护的种属，如君子兰、垂筒花、虎耳兰、网球花、倪润石蒜、水仙等。大多数石蒜科植物都不太耐寒，因此在北半球栽种尤其需要了解其是否抗寒的习性。

石蒜属植物是东亚特有属，我国是起源和分布中心。石蒜属在生态习性和繁殖栽培等方面与石蒜科其他属植物有共同之处，还有一些自身的特殊性，本节主要介绍以石蒜属植物为主的繁殖与栽培管理要点，其他石蒜科植物的在分种中单独详细介绍。

（一）繁殖技术要点

石蒜科植物的繁殖方式包括有性繁殖和无性繁殖。有性繁殖即种子繁殖，是石蒜科植物的主要繁殖方式，成熟饱满的种子在适宜的条件下有较高的发芽率。若无法采集到种子，可采用无性繁殖的方法，目前常用的无性繁殖的方法有切割扦插和组织培养。

1. 有性繁殖

种子采收：石蒜属植物的种子一般在10月中上旬成熟。当果皮由绿色转为棕褐色，水分变少即将开裂时，可从花葶基部剪取花序采收或直接采收种子。

种子处理：采集的果实经蔽阴晾晒，自然开裂或剥开果实后，选择大粒饱满无病虫危害的健康种子进行播种。也可以不去除果皮直接播种，但对于果实种子数量多的种类，会导致种子发芽率低、发芽不整齐等问题。

种子贮藏：石蒜科植物的种子大多数可以即采即播，不需要贮藏，但有些属种的种子有休眠期，需干燥储存，在6~7℃的低温贮藏6个月左右后再播种。对于采集的未完全成熟的果实，也可低温贮藏至少几周后再进行播种。总体而言，冬季生长型的种类秋冬播种，夏季生长型的种类春夏播种。

播种：播种苗床或穴盘的深度应大于40cm，以满足种子萌发向下发根并膨大成小的鳞茎。播种基质最好在播种前几天用热水进行消毒，以免杂草丛生与种子萌发产生竞争。基质下层铺5～10cm泥炭土或营养土，上层铺砂土或砂壤土30～35cm。播种量为200kg/667m^2，株行距2～4cm。播种后上面再覆盖5～10mm的基质。对于果实为浆果的种类，可以在加入洗洁精的温水中对种子进行剥离，再阴干30min，然后在消毒液（代森锰锌、克菌丹）中浸泡20min后晾干播种。

播后管理：定期浇水保持土壤湿润，使土壤相对含水量在60%左右，苗期不遮阴，对于耐寒性较低的种类冬季需在温室管理。浇水时需使用较小的水压，避免种子从基质中泛起，泛起的种子应及时将其填埋至基质中。石蒜科植物的种子萌发大致需要几周至数月不等，石蒜属植物种子需到下一个叶期抽出叶片（秋叶类一年，春叶类一年半）。

2. 无性繁殖

切割扦插：有鳞茎切割和双鳞片法。鳞茎切割法宜以无叶期为切割繁殖季节，气温宜在20～35℃范围，其中以5、6月为最适季节，7、8月次之，9月再次，10月至翌年4月不宜切割繁殖；宜用细河沙作为繁殖基质，沙床基质厚度40cm以上，上搭50cm拱棚，雨天前覆盖塑料膜挡水，晴天揭开塑料薄膜，曝晒砂土，使基质相对含水量降至40%左右；用基底切割法繁殖，通常十字星2刀切割，可根据种球的大小，以2、4、6、8均分，分别切以1、2、3、4刀；种球随挖、随切、随植，切割后的整个母球的各部分不分开，整个种入苗床中，深度以不见鳞茎为度，行距约15cm，种球与种球间距3～6cm；定植后不浇水，仍然用塑料膜覆盖控水，上方可以适当遮阴，保持苗床通风，3～4周后，揭开遮阴材料和塑料薄膜，使苗床露天；宜从基质底部补水使水分往上渗透，但忌积水。基质含水量保持在60%左右。双鳞片法与上述方法类似，只是切割后扦插的材料为带有鳞茎盘的双鳞片，虽然繁殖系数高于切割法，但切割法在短期内能获得优质、较大的子球，而双鳞片法腐烂率较高，一般不予采用。

组织培养：石蒜科植物的鳞茎是由叶鞘膨大形成贮藏养分的器官，所以在组织培养上具有与其他宿根、球茎、块茎植物不同的特点。近年来，针对乳白石蒜、石蒜、香石蒜、红蓝石蒜、长筒石蒜和玫瑰石蒜等的组织培养开展了大量研究，初步掌握其基本培养基、诱导培养基、增殖培养基、壮苗培养基和生根培养基的配方。虽然在实验室里都能组培分化出小鳞茎，但组培条件如人工长生调节剂的种类和浓度及组培生产周期皆不尽一致，不同的种类品种也有差异，而且生产周期过长，特别是针对组培苗的驯化研究较少，一般多采取短时间观察，组培苗驯化没能完成一个生长周期，而短时间内的栽培驯化结论可靠性不高。目前生产上市场上未见有组培苗应用和销售。

（二）栽培技术要点

根据石蒜科植物的生理生态特性，构建与之相适应的生境条件（光照、土壤、温度、水分等），同时做好水肥管理、病虫害防治和定期修剪等工作，才能确保其迁地保育的成功，也是景观营造不可或缺的前提和保障。

1. 栽培环境的选择

石蒜科植物的野外生境绝大部分是温暖、湿润（至少在生长季），多生长于河床、砂地、荒草地、山坡、路边灌丛、石缝间、溪沟边以及滨海地区或岛屿，耐干旱、稍耐寒。露地栽植时需根据种类的特性选择适宜的光照条件和立地环境，旱季时需保证及时浇水，休眠期减少甚至不浇水。对于部分来源于南非和南美洲的种类，耐寒性较差，冬季户外温度低于5℃时易发生冻害，此时需减少浇水、搭建塑料拱棚保温或转移至温室栽培养护，同时注意通风换气，以免种球腐烂。

2. 土壤的要求

石蒜科植物宜栽种于土层深厚、腐殖质含量较高的砂壤土或砂土中，酸碱度一般在偏酸性至中性。若使用基肥，基肥须经充分腐熟，均匀翻入土内。容器育苗的培养土也可以使用泥炭土、珍珠岩和细砂按体积比1:1:1的比例混合。

3. 移栽和定植

石蒜科植物宜在休眠期进行移栽。石蒜属种植季节以5～6月为宜，随起随种，并带根种植，种植深度为种球高度的1.2倍，株行距10cm×20～30cm。

4. 养护管理

灌溉浇水：石蒜科植物在生长季（夏季或冬季）应保证充足的水分，盆栽植物需每天或隔天浇水，休眠期减少浇水甚至停止浇水。石蒜属植物的土壤相对含水量宜保持在50%～75%，一般夏季7天浇水一次，春秋季20天浇水一次，冬季40天浇水一次。

除草：石蒜属夏季用浅耕除草结合浇水或施肥进行，宜浅耕，应防止伤及鳞茎。叶期采用拔草的方式除草，应防止伤及叶片。

施肥：一般土壤不需要施肥。若土壤有机质含量＜15g/kg，需施肥，并遵循薄施原则。四季均可施用。补充氮肥，可施硫酸铵液肥，浓度约1g/kg，不宜施尿素；磷钾肥可选磷酸二氢钾、氯化钾或硫酸钾，浓度约1g/kg；腐熟的豆饼水溶液以稀释10倍以上液施；微量元素硼以浓度约1g/kg硼砂水溶液为宜。

病虫害防治：始花期及出叶期，用甲胺基阿维菌素乳油2000～3000倍喷雾防治防治葱兰夜蛾和斜纹夜蛾，或用25%灭幼脲悬浮剂2000～2500倍、或10%烟碱1000～1500倍喷雾防治。炭疽病和细菌软腐病，主要措施是防止土壤积水。

石蒜属种球基底切割繁殖法模式图

用基底切割法繁殖。通常十字星2刀切割。可根据种球的大小，以2、4、6、8均分，分别切以1、2、3、4刀。种球随挖随切随植，切割后的整个母球的各部分不分开，整个种入苗床中，深度以不见鳞茎为度，行距约15cm，种球与种球间距3～6cm。

石蒜属种球生产技术标准化模式图

工艺流程	1月	2月	3月	4月	5月	6月	7月	8月	9月	10月	11月	12月
防寒防冻												
遮阴增湿												
插床建设及控水												
扦插繁殖												
移植/起掘												
摘花												
采种播种												
治虫												
除草												
浇水												

各论
Genera and Species

石蒜科

Amaryllidaceae J. St.-Hil., Exposition des Familles Naturelles 1: 134.1805.

石蒜科植物多为多年生草本，稀半灌木、灌木或乔木状，具鳞茎或根状茎。叶多数基生，具平行脉，线形、披针形或椭圆形，全缘或有刺状锯齿。花单生或排列成伞形花序、总状花序、穗状花序、圆锥花序，通常具佛焰苞状总苞，总苞片1至数枚，膜质；花两性，辐射对称或两侧对称；花被片6枚，2轮，近相等；花被管存在或不存在，花被裂片基部具附属物或无，有时附属物联合成副花冠或雄蕊杯；雄蕊通常6枚，着生于花被管喉部或基生，花药背着或基着，通常内向开裂；子房下位或上位，通常3室，稀1室，中轴胎座，每室具胚珠多数或少数，花柱细长，柱头头状或3裂。

蒴果多数背裂或不整齐开裂，很少为浆果状；种子的形态各异，含有胚乳。

分属检索表

1a 植株具根状茎或块茎；无佛焰苞状总苞片。
　2a 花两侧对称；花被管细长而弯曲，不为喙状 ·· 16. 晚香玉属 Polianthes
　2b 花辐射对称；花被管不存在或极短，或有时延伸成近实心的喙。
　　3a 花序通常具多数花；果实为浆果，顶端有喙或无喙 ······································· 3. 仙茅属 Curculigo
　　3b 花序常仅具1或2朵花；果实为蒴果 ·· 11. 小金梅草属 Hypoxis
1b 植株具鳞茎或基部具鳞茎状茎；具佛焰苞状总苞片。
　4a 子房上位。
　　5a 植株具根状茎；花冠管细筒状；喉部具附属物；雄蕊内藏 ····················· 21. 紫娇花属 Tulbaghia
　　5b 植株具鳞茎；花冠管极短，近无；喉部无附属物；雄蕊伸出 ··············· 15. 假葱属 Nothoscordum
　4b 子房下位。
　　6a 花被基部具附属物。
　　　7a 具副花冠，杯状体与雄蕊分离 ·· 14. 水仙属 Narcissus
　　　7b 不具副花冠。
　　　　8a 花丝基部增宽、增厚，具附属物，但彼此分离 ····································· 17. 玉簪水仙属 Proiphys
　　　　8b 花丝基部联合成杯状体（雄蕊杯）。
　　　　　9a 花通常两侧对称；花被管极短或几无；雄蕊杯小，边缘无齿，基部具球形蜜腺 ·· 6. 龙须石蒜属 Eucrosia
　　　　　9b 花通常辐射对称，花被管狭圆柱形。
　　　　　　10a 花被片卵形至卵圆形；花丝短于杯状体 ································· 5. 南美水仙属 Eucharis
　　　　　　10b 花被片线形；花丝远长于杯状体 ··· 10. 水鬼蕉属 Hymenocallis
　　6b 花被基部无附属物，仅被鳞片、被毛或无毛。
　　　11a 花药基着，孔裂 ··· 12. 雪片莲属 Leucojum
　　　11b 花药背着或"丁"字形着生，花药纵裂。
　　　　12a 佛焰苞状总苞片1或2枚，下部合生围成管状。
　　　　　13a 花两侧对称；花被片明显异型，下方3枚裂片围绕着花丝和子房呈槽状 ··· 20. 龙头花属 Sprekelia
　　　　　13b 花辐射对称，花被片同形或近同形。
　　　　　　14a 雄蕊2型；花丝稍下弯 ··· 7. 美花莲属 Habranthus
　　　　　　14b 雄蕊1型；花丝伸直或开展 ··· 22. 葱莲属 Zephyranthes
　　　　12b 佛焰苞状总苞片1至多枚，基部不合围成管状。
　　　　　15a 花葶中空。
　　　　　　16a 花被圆筒状，花被管长为花被裂片的4倍或以上 ··············· 4. 垂筒花属 Cyrtanthus
　　　　　　16b 花被阔漏斗形或狭漏斗形，花被管短于、等于或稍长于花被裂片。
　　　　　　　17a 花、叶同时抽出；叶片较宽，长椭圆形至带状长椭圆形 ··· 9. 朱顶红属 Hippeastrum
　　　　　　　17b 叶通常在花后几周抽出；叶片较狭，带状 ··················· 18. 小顶红属 Rhodophiala
　　　　　15b 花葶实心。
　　　　　　18a 子房每室具1~3粒胚珠。
　　　　　　　19a 总苞片2枚；花被管弯曲；花被裂片弧状开展 ············· 13. 石蒜属 Lycoris
　　　　　　　19b 总苞片多数；花被管伸直；花被裂片伸直开展。
　　　　　　　　20a 叶排成明显2列，叶片通常稍厚，肉质，无明显中脉 ·· 8. 虎耳兰属 Haemanthus
　　　　　　　　20b 叶不排成明显2列，叶片薄，中脉明显 ··············· 19. 网球花属 Scadoxus
　　　　　　18b 子房每室具4至多粒胚珠。
　　　　　　　21a 花被管长，圆筒状，向顶端渐扩大，开张角度较大；柱头3裂 ··········· 2. 文殊兰属 Crinum
　　　　　　　21b 花被管短或缺，裂片开张角度较小；柱头头状 ··············· 1. 君子兰属 Clivia

君子兰属

Clivia Lindl., Bot. Reg. 14: pl. 1182.1828.

多年生草本。具肉质根。茎基部具宿存的叶基使茎呈鳞茎状。叶多数，叶片带状，排成2列。花葶实心，扁平，肉质；伞形花序具花数朵至多朵；总苞片佛焰苞状，膜质，通常数枚，覆瓦状排列；花被漏斗状，直立向上或稍下垂；花被管短，花被裂片6枚，外轮裂片通常较狭，内轮稍宽而长；雄蕊着生于花被管喉部，通常与花被裂片近等长，花丝丝状，花药长圆形，"丁"字形着生；子房下位，球形，每室具5~6枚胚珠，花柱细长，柱头3裂。浆果红色；种子大，球形，1或几枚。

本属约3种，主要分布于非洲南部。我国植物园栽培有2种，均为引入栽培。

君子兰属分种检索表

1a 花直立向上，花被阔漏斗形··············1. 君子兰 *C. miniata*
1b 花稍下垂或低俯，花被圆筒状至狭漏斗形··········2. 垂笛君子兰 *C. nobilis*

1 君子兰

Clivia miniata (Lindl.) Bosse, Vollst. Handb. Blumengart. ed. 3, 1: 768. 1859.

西双版纳热带植物园栽培

自然分布

原产南非。我国部分城市及植物园有栽培。

迁地栽培形态特征

多年生草本，具地下根状茎。

根状茎 直立或近直立，半裸露或不裸露，直径可达1cm。

叶 具叶12~26枚，叶片带状，长45~90cm，宽2.5~7.0cm，近直立或披散，叶面深绿色。

花 花葶直立或近直立，高30~60cm；伞形花序具花16~30朵；佛焰状总苞3~5枚，披针形，长3.5~6cm，白色半透明；小苞片10~13枚，线形，长1.8~3cm；花宽漏斗状，辐射对称，顶端反卷，橙色、橙红色或黄色；花被筒长0.7~1cm；外轮花被片宽倒披针形，长3.8~6cm，宽1.5~2cm，内轮花被片匙形，长4~6.5cm，宽1.5~2.5cm；花丝白色或黄色，长3.5~4.8cm；花柱内藏或稍伸出，长4~7cm；柱头3裂，绿色或黄色。

🔴**果** 浆果椭圆形或卵形，宽1.7~2.7cm，浅黄色、鲜红色至深紫红色。

引种信息

西双版纳热带植物园 登录号00,2006,0123，2006年引自辽宁鞍山；生长状态良好。
华南植物园 登录号xx272207，引种信息不详；生长状态良好。
昆明植物园 登录号K19500063，引种信息不详；生长状态良好。
桂林植物园 引种信息不详；生长状态良好。
杭州植物园 引种信息不详；生长状态良好。
海医大药植园 登录号xx000305，引种信息不详；生长状态良好。
南京中山植物园 登录号90E31028-70，引种信息不详；生长状态良好。

物候

华南植物园 2月上旬现蕾期，2月中旬至3月中旬花期，花量少，盛花期不明显；未能观察到果实。
昆明植物园 12月下旬至翌年2月份现蕾期，2月下旬至3月上旬始花期；3月中旬至4月中旬盛花期；4月下旬至5月上旬花末期；果实不发育。
桂林植物园 3月上旬现蕾；3月中旬至4月中旬盛花期。
杭州植物园 温室栽培，四季常绿，花期11至翌年4月；果期12至翌年6月。
海医大药植园 温室栽培，花期12月至翌年4月；果期12月至翌年7月。
南京中山植物园 现蕾期1月中旬，盛花期2月下旬至3月下旬，花末期4月上旬；果期8~9月。

迁地栽培要点

抗性强，耐干旱，忌水涝和全阴，但也不适于全光照栽培，冬季易受冻害，需温室栽培。繁殖以播种和分球为主。花期常发生蓟马、葱兰夜蛾和斜纹夜蛾危害。

主要用途

观赏：花期长，为南方地区年宵花卉之一，温室栽培和室内栽培观赏。
药用：全株入药，叶片和根系中提取的石蒜碱，具有抗病毒、抗癌等作用。

华南植物园栽培

海医大药植园栽培

2 垂笑君子兰

Clivia nobilis Lindl., Bot. Reg. 14: t. 1182 1828.

自然分布

原产南非。我国部分植物园有栽培。

迁地栽培形态特征

多年生草本，具地下根状茎。

根状茎 直立，半裸露，具开散、肥厚的肉质根。

叶 具叶7~14枚，叶片革质，带状，长30~60cm，宽2.0~4.5cm，近直立或披散，叶面深绿色或灰绿色，近基部稍对折。

花 花葶直立或近直立，高26~44cm；伞形花序具花20~50朵；佛焰状总苞3~6枚，椭圆形，长2.2~3cm，宽1.2~2.5cm，白色半透明；小苞片丝状，长1.2~1.8cm，白色；花管状，两侧对称，下垂或稍下垂，黄色、橙色或橙红色，稀浅黄色或乳白色，顶端浅绿色；花被筒圆柱形，长0.5~0.7cm，直立或稍弯曲；外轮花被片椭圆形，长1.8~2cm，宽0.4~0.6cm，边缘白色，内轮花被片狭匙形，长1.7~1.9cm，宽0.8~1.0cm；雄蕊内藏或略微伸出，与花被片近等长，白色，长1.8~2.2cm；雌蕊稍伸出，长2.7~3cm，白色或绿色。

果 浆果球形，宽1.5~2.5cm，鲜红色或棕紫色，有时浅黄色。

引种信息

西双版纳热带植物园 登录号00,2000,0200，2000年引自云南普洱思茅区；生长长势良好。

华南植物园 登录号19731310，1973年引自云南，露地栽培；生长状态良好。登录号20152195，2015年引自广州，栽培于大棚内；生长状态良好。

厦门市园林植物园 登录号19650232、19650529，均为1965年引自上海；生长状态良好。

桂林植物园 引种信息不详；生长状态良好。

杭州植物园 引种信息不详；生长状态良好。

海医大药植园 登录号xx000737，引种信息不详；生长状态良好。

南京中山植物园 登录号78E708-058，引种信息不详；生长状态良好。

物候

华南植物园 大棚内栽培，11月下旬至12月上旬现蕾期，花期12月中旬至翌年1月下旬，花量少，盛花期不明显，果期1月中旬至3月上旬；露地栽培，花期11月中旬至翌年4月下旬，其中，盛花期1月中旬至4月上旬，果期12月至翌年5月。

厦门市园林植物园 常绿，几乎全年都有零星花开，盛花期6~7月；全年都会有挂果，果熟期很长，浆果从绿色变成红色，需要8个月左右。

桂林植物园 盛花期2月中旬至3月上旬；果期长。

杭州植物园　温室栽培，常绿，花期11月至翌年4月；果期12月至翌年6月。
海医大药植园　温室栽培，常绿，花期11月至翌年7月；果期12月至翌年8月。
南京中山植物园　现蕾期11月上旬，盛花期11月下旬至翌年3月下旬；果期8月。

迁地栽培要点

抗性强，耐干旱，忌水涝和全阴，不适于全光照栽培，在华南地区可以露地越冬，但在冬季有霜冻的地区需温室栽培越冬。繁殖以播种和分球为主。花期常发生蓟马、葱兰夜蛾和斜纹夜蛾危害。

主要用途

观赏：花姿典雅，观赏性强，为优良园林宿根花卉，南方城市可露地栽培，北方地区常温室栽培或室内栽培供观赏。

西双版纳热带植物园栽培　　　华南植物园栽培
桂林植物园栽培　　　南京中山植物园栽培

文殊兰属

Crinum L., Sp. Pl. 1: 291. 1753.

多年生草本。具鳞茎。叶基生，叶片带形或剑形，通常较宽阔。花葶实心；伞形花序具花数朵至多朵，稀1朵；总苞片佛焰苞状，2枚；花具梗或无梗；花被辐射对称或稍两侧对称，高脚碟状或漏斗状；花被管长，圆筒状，直立或上弯，花被裂片线形、长圆形或披针形；雄蕊6枚，着生于花被管喉部，花丝丝状，近直立或叉开，花药线形，"丁"字形着生；子房下位，3室，每室有胚珠数枚至多枚，有时每室仅有胚珠2枚，花柱细长，多少外倾，柱头小，头状。蒴果近球形，通常不规则开裂；种子大，圆形或具棱角。

本属约有100多种，主要分布于热带和亚热带地区。我国植物园栽培有5种。

文殊兰属分种检索表

1a 花被管弯曲；雄蕊及花柱外折 ·· 7. 香殊兰 *C. moorei*
1b 花被管伸直或稍弯曲；雄蕊和花柱不外折。
  3a 花被管长，长约为花被裂片3倍或以上 ·································· 6. 硬叶文殊兰 *C. firmifolium*
  3b 花被管长约1.5倍或稍过之。
    4a 花被裂片披针形至长圆状披针形，宽约1.5cm ·························· 3. 红花文殊兰 *C.* × *amabile*
    4b 花被裂片线形，宽6~10mm。
      5a 花柱与雄蕊近等长 ·· 4. 文殊兰 *C. asiaticum* var. *sinicum*
      5b 花柱短于雄蕊，长约为1/2 ··························· 5. 红晕文殊兰 *C. asiaticum* var. *pedunculatum*

3 红花文殊兰

Crinum × *amabile* Donn, Hortus Cantabrig. 83. 1811.

自然分布

原产印度尼西亚。世界各地常见栽培。

迁地栽培形态特征

多年生粗壮草本，具鳞茎。

鳞茎 长柱形，直径40~64cm，鳞茎皮褐色。

叶 大型，叶片宽带形，全缘或波状，叶长80~120cm或以上，宽10~12cm或以上，叶面绿色。

花 花葶粗壮；伞形花序有花数朵至10余朵；佛焰苞状总苞片2枚，披针形，长8~10cm；小苞片多数，线形；花梗很短；花近漏斗形的高碟脚状；花被管长9~10cm，常稍弯曲；花被裂片披针形或长圆状披针形，长7~8cm，宽1.4~1.7cm，顶端短渐尖，内面白色，外面紫红色或淡紫红色；雄蕊6枚，花丝短于花被，花药线形，长1.2~1.8cm。

引种信息

西双版纳热带植物园 引种信息不详；生长状态良好。

华南植物园 登录号19770278，1977年引种自厦门园林局；生长状态良好。

厦门市园林植物园 引种信息不详；生长状态良好。

桂林植物园 引种信息不详；生长状态良好。

物候

西双版纳热带植物园 4月下旬现蕾期，5月上旬始花期，5月中旬至7月中旬盛花期，7月下旬花末期；未能观察到果实。

华南植物园 6月上旬现蕾期，6月上旬始花期，6月中旬至7月中旬盛花期，7月下旬至8月中旬花末期；未观察到果实。

厦门市园林植物园 花期几全年，6~7月盛花期；果期9月，自然结果率低。

桂林植物园 花期7~9月、12月至翌年1月上旬，盛花期9月中上旬；未观察到果实。

迁地栽培要点

喜温暖、湿润的栽培环境，高温时忌暴晒，中、低温时要求光照充足以保证正常开花。通常用播种和分株繁殖。花期常发生蓟马、葱兰夜蛾和斜纹夜蛾危害。

病虫害防治

在温度过高、通风不良的环境中，容易发生煤烟病和红蜘蛛危害，春夏期常发生蓟马、葱兰夜蛾和斜纹夜蛾危害。

主要用途

观赏：叶片四季常绿，花姿典雅、芳香，观花观叶俱佳，为优良的观赏花卉和切花植物。

华南植物园栽培

厦门市园林植物园栽培

桂林植物园栽培

叶基部及鳞茎顶端

花

总苞片

虫害导致鳞茎枯萎

4 文殊兰

Crinum asiaticum var. *sinicum* (Roxb. ex Herb.) Baker, Handb. Amaryll. 75. 1888.

自然分布

我国特有，产海南、福建、台湾、广东、广西。生于海滨地区或河旁沙地。

迁地栽培形态特征

多年生草本，具鳞茎。

鳞茎 长柱形，鳞茎皮褐色或灰白色。

叶 具叶10~30枚，叶片带状披针形，长65~90cm，宽6.5~11cm，边缘波状，顶端急尖，中脉明显，稍增厚，叶面绿色至暗绿色，背面浅绿色。

花 花葶直立，几与叶等长；伞形花序有花数朵至20余朵；佛焰苞状总苞2枚，披针形，长11~14cm，宽2~2.5cm，膜质，近等大；小苞片狭线形，长5~11cm；花梗长0.5~2cm；花高脚碟状，长20~21cm，白色，芳香；花被管纤细，花被管长10~10.5cm，直径1.5~2mm，伸直或稍弯曲，淡黄绿色至乳白色，花被裂片6枚，2轮，线形，长10~10.5cm，宽0.8~1.1cm，顶端长渐尖，内轮较外轮稍狭；雄蕊6枚，着生于花被管顶端，与花被裂片对生，长6.5~8cm，花丝中上部淡紫红色，花药线形，长2~2.2cm，橘黄色；子房圆柱形，长1.5~1.8cm，花柱长15.5~18cm，与雄蕊近等长，紫红色或淡紫红色。

果 蒴果近球形，直径3~5cm，通常种子1枚；种子椭圆形或近球形，淡黄褐色。

引种信息

西双版纳热带植物园 引种信息不详；生长状态良好。

华南植物园 登录号20081023，2008年引自广州；生长状态良好。

厦门市园林植物园 登录号2012125，2012年引自台湾；生长状态良好。

桂林植物园 引种信息不详；生长状态良好。

杭州植物园 登录号13A07001，2013年引自广西药用植物园；温室栽培，长势良好。

南京中山植物园 引种年份不详，引自自西双版纳热带植物园；生长状态良好。

物候

西双版纳热带植物园 2月中旬至3月上旬现蕾期，3月中旬始花期，3月上旬至4月上旬盛花期，5月中旬花末期；未观察到果实。

华南植物园 温室栽培，除2月至3月下旬少见开花，花期几全年，盛花期6~8月、11~12月，果期8月；露地栽培，花期仅一季，6月上旬现蕾期，6月上旬始花期，6月中旬至下旬盛花期，7月中上旬花末期，果期7~8月。

厦门市园林植物园 5月抽花葶，6月上旬始花期，6月下旬至9月盛花期，10月末花期；未观察到果实。

桂林植物园 6月上旬抽出花葶，6月下旬始花期，7月上旬至8月中旬盛花期；果期8~10月。
杭州植物园 温室栽培，7月中下旬现蕾期，7月下旬盛花期；9月中下旬果期。
南京中山植物园 现蕾期7月下旬，盛花期8月中旬至10月中旬；果期12月。

迁地栽培要点

抗性强，耐干旱，忌水涝和全阴，适于黄河以南地区栽培。繁殖以分球为主，种子繁殖和组织培养。花期常发生蓟马、葱兰夜蛾和斜纹夜蛾危害。

主要用途

观赏：株型优美，花芳香，为优良的观赏花卉和切花植物。

药用：叶与鳞茎入药，具有活血散瘀、消肿止痛之效，治跌打损伤、风热头痛、热毒疮肿等症。

叶基部和鳞茎顶端　花序　花蕾　花　发育成熟的果实

5 红叶大文殊兰

Crinum asiaticum var. *pedunculatum* (R. Br.) Fosberg et Sachet, Micronesica 20: 131. 1987.

华南植物园栽培

自然分布

原产澳大利亚。我国部分植物园有栽培。

迁地栽培形态特征

与文殊兰（*Crinum asiaticum* var. *sinicum*）区别在于：株型高大，叶面泛紫红色光泽；花梗粗壮，长1.2~1.8cm，花被管伸直，长10.5~11.5cm，子房圆柱形，长2~2.5cm，花被裂片6枚，2轮，线形，长8~9.5cm，宽6~10mm，顶端渐尖至长渐尖，反折；雄蕊6枚，紫红色，长5~5.5cm，长约为花被裂片1/2~2/3，花药线形，长2.2~2.6cm，花柱长14.5~15.5cm，短于雄蕊。

引种信息

华南植物园 登录号20085214，2008年引种自印度尼西亚；生长状态良好。

物候

华南植物园　温室栽培，花期近全年，盛花期7~8月、10~11月；未能观察到果实；露地栽培，除冬季低温外，均能观察到开花，盛花期6~8月；未能观察到结果实。

迁地栽培要点

喜温暖、湿润的栽培环境，抗性强，耐干旱，忌水涝和全阴，适于在华南地区露地栽培，亦适于室内栽培。花期常发生蓟马、葱兰夜蛾和斜纹夜蛾危害。

主要用途

观赏：观花观叶俱佳，为优良的观赏花卉。

华南植物园温室栽培

鳞茎顶端　　现蕾期　　花序

花

花蕊特写

6 硬叶文殊兰（新拟）

Crinum firmifolium Baker, J. Linn. Soc., Bot. 20: 270. 1883.

西双版纳热带植物园栽培

自然分布

原产马达加斯加。我国部分植物园有栽培。

迁地栽培形态特征

多年生草本，具鳞茎。

🔴**鳞茎** 近球形，直径2.5~3.5cm，鳞茎皮褐色或黑褐色。

🔴**叶** 具叶7~12枚，叶片带状线形，长15~22cm，宽2.3~2.8cm，顶端长渐尖，边缘波状，中脉不明显增厚。

🔴**花** 花葶长18~20cm；伞形花序具3~7朵花；总苞片佛焰苞状，2枚，三角状披针形，长约10cm，宽1.6~1.8cm；小苞片线形，长6~8cm，膜质，白色；花梗短而粗壮，长2~5mm；花高脚碟状，花被白色，花被管细管状，长17~19cm，伸直，花被裂片6枚，2轮，开展，披针形，长6.5~8cm，宽

0.9～1cm，顶端长渐尖，白色，顶端小尖头淡紫色；雄蕊6枚，着生于冠管口处，长5～6cm，淡紫红色，花药长9～10mm，线形；子房长8～10mm，圆柱状，花柱长22～24.5cm，与雄蕊近等长。

果 未观察到。

引种信息

西双版纳热带植物园 登录号38,2002,0057，2002年引自泰国；生长状态良好。
华南植物园 登录号20180053，2018年引自西双版纳热带植物园；生长状态良好。
杭州植物园 登录号18A05001，2018年引自西双版纳热带植物园；温室栽培，生长状态良好。

物候

华南植物园 4月下旬现蕾期，5月上旬至中旬花期，花量少，盛花期不明显；未观察到结果实。
杭州植物园 温室栽培，四季常绿，花期7～8月；果期9～10月。

迁地栽培要点

喜温暖、湿润的栽培环境。花期常发生蓟马、葱兰夜蛾和斜纹夜蛾危害。

主要用途

观赏：花姿奇特，花冠管细长，可用于园林绿化和庭院观赏。

中国迁地栽培植物志·石蒜科·文殊兰属

花序

花

总苞片

花局部特写

7 香殊兰

Crinum moorei Hook. f., Bot. Mag. 100: t. 6113. 1874.

西双版纳热带植物园栽培　　华南植物园栽培　　厦门市园林植物园栽培

自然分布

原产南非。我国部分植物园有栽培。

迁地栽培形态特征

多年生草本，具鳞茎，植株高0.9~1.3m。

鳞茎 下部卵球形，上部圆柱形，鳞茎皮褐色或黑褐色，膜质。

叶 具叶6~12枚，叶片带状剑形，长60~120cm，宽5.5~9cm，顶端长渐尖，边缘稍波状，基部叶鞘稍对折，中脉明显增粗、增厚，叶面绿色，背面浅绿色。

🌸 花葶直立，长60～120cm；伞形花序具花5～12朵；佛焰状总苞2枚，披针形，长5～12cm，宽1.5～3cm，膜质，常迅速干枯变浅棕色并卷曲；花，钟状两侧对称，夜间开放；花被管纤细，长8～11cm，弯曲，浅绿色，花被片倒披针形，长8～10cm，宽2.4～4.5cm，顶端略反卷；白色或浅粉色；雄蕊长5～7cm，内藏，花丝白色或浅粉色，花药线形，长约1cm，弯曲；花柱伸出，白色或淡绿色。

🍑 蒴果球形；种子大，直径3.5～4.5cm，绿色。

引种信息

华南植物园 登录号19880307，1988年引种，引种地不详；生长良好。登录号20114070，2011年引种自台湾（网络购买）；生长良好。

厦门市园林植物园 引种信息不详；生长状态良好。

杭州植物园 引种信息不详；生长状态良好。

物候

华南植物园 3月下旬现蕾期，4月中上旬始花期，4月下旬至5月中下旬盛花期，6月下旬至6月上旬花末期；未能观察到结果实。

厦门市园林植物园 5月底抽花葶，6月初始花期，6月中下旬至7月中旬盛花期，7月下旬花末期；未观察到结果。

杭州植物园 温室栽培，7月中下旬现蕾，7月下旬至8月上旬盛花期；10月果实成熟。

迁地栽培要点

生性强健。喜温暖、湿润的栽培环境，全日照、半日照均可以适应，也耐阴。土质以排水性好、富含腐殖质的砂质壤土为佳。常用分株繁殖，以春、夏季为适期。花期常发生蓟马、葱兰夜蛾和斜纹夜蛾危害。

主要用途

观赏：叶形优美，花洁白淡雅，具芳香，为优良的观赏球宿根花卉，用于园林绿化和庭园观赏，适合丛栽、石块或路旁的点缀或盆栽。

药用：用于治疗泌尿道感染和疮疖感染。

叶基部及鳞茎顶部

抽出花葶

花序

花

雄蕊特写

仙茅属

Curculigo Gaertn., Fruct. Sem. Pl. 1: 63. 1788.

多年生草本，通常具块状根状茎。叶基生，数枚，革质或纸质，通常披针形，叶脉折扇状，有柄或无柄。花葶基生，长或短，直立或俯垂；花两性，通常黄色，单生、总状花序或穗状花序，有时花序强烈缩短，呈球形、头状或伞房状；花被管存在或无，花被裂片6枚，开展；雄蕊6枚，生于花被裂片基部，与花被片对生，常短于花被裂片；花药基部二裂或不裂，近基着或近背着，2室，纵裂；花丝通常短，有时与花药近等长；花柱圆柱形，较纤细，柱头3裂；子房下位，通常被毛，顶端有喙或无喙，3室，中轴胎座；每室胚珠2至多数，常排成2列。果实为浆果，成熟时不开裂；种子小，表面通常具有纵凸纹，具明显凸出的种脐。

本属约20种，主要分布于亚洲、非洲、南美洲和大洋洲的热带至亚热带地区。我国植物园栽培有7种，产华南和西南。

仙茅属分种检索表

1a 子房顶端具长2～3mm的短喙或无喙。
 2a 叶背面密被白色茸毛 ··· 10. **绒叶仙茅 *C. crassifolia***
 2b 叶背面无毛或被柔毛。
  3a 总状花序不为头状，长6～9cm；花疏离或稍疏离；子房顶端具短喙。
   4a 叶草质，叶背面被柔毛；花序俯垂，具花朵常20朵以上 ············· 14. **中华仙茅 *C. sinensis***
   4b 叶纸质，叶背面无毛或仅脉上疏被柔毛；花序直立或近直立，常具10～20朵花 ·······················
    ··· 12. **疏花仙茅 *C. gracilis***
  3b 总状花序缩短，球形或近头状，长4～5cm；花紧密；子房顶端无喙。
   5a 花葶长，长10～25cm；花丝极短，长不及1mm；浆果球形，直径4～5mm ······ 9. **大叶仙茅 *C. capitulata***
   5b 花葶短，长2～5cm；花丝长，长3～3.5mm；浆果卵状椭圆形，长约1.3cm ········ 8. **短葶仙茅 *C. breviscapa***
1b 子房顶端具长喙，喙纤细，长6mm或以上。
 6a 叶片较狭，宽0.5～2.5cm；根状茎圆柱状，粗约1cm，垂直向下生长；子房顶端的喙长可达2.5cm
 ··· 13. **仙茅 *C. orchioides***
 6b 叶片较宽，宽3～7cm；根状茎不为上述情形；子房顶端的喙长6～8mm ···························
 ··· 11. **光叶仙茅 *C. glabrescens***

8 短葶仙茅

Curculigo breviscapa S. C. Chen, Acta Phytotax. Sin. 11(2): 132, pl. 22, f. 2–3.1966.

华南植物园栽培

自然分布

我国特有,产广西和广东。生于海拔550m以下山谷密林坡地和溪边。

迁地栽培形态特征

多年生粗壮草本,高70~110cm,具根状茎。

根状茎 缩短,稍粗厚。

叶 通常5~6枚,叶片披针形,长70~75cm,中部宽8~10.5cm,向两端渐狭,顶端长渐尖,基部斜楔形,纸质,具折扇状脉,上面绿色,无毛,下面浅绿色,脉上疏被糙伏毛;叶柄长约60cm,粗3~4mm,基部稍扩大并具黑色膜质边缘,通常被茸毛,但上部毛被较疏或无毛,老的叶柄常变为宿存的褐色纤维。

花 花葶短,接近地面,长3~5cm,被棕色茸毛;头状花序俯垂,近球形,直径3~5cm;苞片长圆状披针形,下部的长约2.5cm,宽约8mm,背面及内面上部边缘具茸毛;花黄色,具长8~10mm

的花梗；花被裂片近长圆形或卵状长圆形，长1~1.2cm，宽3.5~4mm，外轮的背面被毛，内轮的仅背面中脉上被毛；雄蕊短于花被裂片，花丝长3~3.5mm，花药长约5mm；花柱圆柱状，略具棱，长1~1.2cm，柱头近头状，浅3裂；子房长圆形，长约为花梗的1/2，顶端无喙。

果 浆果卵状椭圆形，长1.2~1.4cm，直径约9mm，被短柔毛；种子黑色，近球形，直径约1.5mm，具纵凸纹，有明显的种脐。

引种信息

华南植物园　登录号20090950，2009年引自越南；生长状态良好。

物候

华南植物园　花期近全年，盛花期4月下旬至6月上旬、8月中旬至10月上旬；果期9月中旬至1月下旬，但果量少。

迁地栽培要点

适应性好，耐阴湿，具有一定的抗旱性，不宜栽种于全日照条件下；结实率和种子萌发率不高，以分株繁殖为主；若通风不良，生长期间易受介壳虫危害。花期常发生蓟马、葱兰夜蛾和斜纹夜蛾危害。

主要用途

观赏：叶形秀美，用作庭院观赏或林下地被，常植于林下、道路旁、石隙边。

药用：根状茎民间用于治疗水肿。

华南植物园温室栽培于景观应用

9 大叶仙茅

Curculigo capitulata (Lour.) Kuntze, Revis. Gen. Pl. 2: 703. 1891.

西双版纳热带植物园南栽培

华南植物园温室栽培

自然分布

产福建、台湾、广东、广西、海南、四川、贵州、云南、西藏。生于海拔850~2200m林下或阴湿处。印度、尼泊尔、孟加拉国、斯里兰卡、缅甸、越南、老挝和马来西亚也有分布。

迁地栽培形态特征

多年生粗壮草本，高70~100cm，具根状茎。

根状茎 粗厚，块状，具细长的横走茎。

叶 具叶4~7枚，叶片长圆状披针形或近长圆形，长40~90cm，宽5~14cm，纸质，全缘，顶端长渐尖，具折扇状脉，背面脉上被短柔毛或无毛；叶柄长30~80cm，上面有槽，侧面、背面均密被短柔毛。

花 花葶通常短于叶，长15~30cm，被褐色长柔毛；总状花序强烈缩短成头状，球形或近卵形，俯垂或半俯垂，长2.5~5cm，具多数排列密集的花；苞片卵状披针形至披针形，长1.5~2.5cm，被毛；花梗长约7mm；花黄色，花被裂片卵状长圆形，长8~9mm，宽3.5~4mm，顶端钝，外轮的背面被毛，内轮的仅背面中脉或中脉基部被毛；雄蕊长约为花被裂片的2/3；花丝很短，长不超过1mm；花药线形，长约5mm；花柱比雄蕊长，纤细，柱头近头状，极浅的3裂；子房长圆形或近球形，被毛。

果 浆果近球形，白色，直径4~5mm，无喙；种子黑色，表面具不规则的纵凸纹。

引种信息

西双版纳热带植物园 登录号00,2002,0652，2002年引自云南西盟；生长状态良好。
华南植物园 登录号20140234，2014年引自湖北恩施；温室栽培，生长状态良好。
厦门市园林植物园 引种信息不详；生长状态良好。
杭州植物园 登录号13A07003，2013年引自广西药用植物园；温室栽培，生长状态良好。

物候

　　西双版纳热带植物园　1月下旬至2月中旬现花蕾，2月中旬始花期，2月下旬至5月下旬盛花期，7月上旬花末期；4月中旬至9月上旬果期。

　　华南植物园　温室栽培，花期4月下旬至7月中旬、9月上旬至翌年2月上旬，其中盛花期5月下旬至6月下旬、10月至11月下旬；果期近全年。

　　厦门市园林植物园　几乎全年有零星花开；未观察到果实。

　　杭州植物园　温室栽培，花期5~6月；果期8~9月。

迁地栽培要点

　　适应性好，耐阴湿，具有一定的抗旱性，不宜栽种于全日照条件下；繁殖可采用分株、播种或组织培养等方法。若通风不良，生长期间易受介壳虫危害。花期常发生蓟马、葱兰夜蛾和斜纹夜蛾危害。

主要用途

　　观赏：株形秀美，可用作林下地被或庭园观赏。

　　药用：根状茎入药，具有润肺化痰、止咳平喘、镇静健脾、补肾固精的功效，用于肾虚喘咳、腰膝酸痛、带下病、遗精。

厦门市园林植物园栽培

昆明植物园栽培

杭州植物园栽培

10 绒叶仙茅

Curculigo crassifolia (Baker) Hook. f., Fl. Brit. Ind. 6: 279. 1892

自然分布

产云南。生于海拔1500~2500m的林下或草地上。尼泊尔、印度也有分布。

迁地栽培形态特征

多年生粗壮草本，高70~110cm。

根状茎 根状茎粗短，块状。

叶 具叶4~8枚，叶片长圆状披针形或线状披针形，长60~110cm，宽3~9cm，革质，全缘，顶端长渐尖，具强烈折扇状脉，上面无毛或仅脉上疏被柔毛，背面密被白色厚茸毛，脉上尤甚；叶柄长20~45cm，短于叶片，上面有槽，侧、背面均密被白色茸毛，基部扩大，常有黑色膜质边缘。

花 花葶短于叶，长10~30cm，直立，常常近端弯曲，密被白色茸毛；总状花序具多而密集的花，球形或近卵形；苞片披针形，长2~3cm，常在顶端或边缘被毛；花黄色，花梗短，花被裂片近长圆形，长1~1.2cm，宽5~6mm，顶端钝圆，背面被毛；雄蕊长约为花被片的1/2，花丝极短；花柱稍长于雄蕊，柱头头状；子房长圆形，长0.9~1cm，被毛。

果 未观察到果实。

引种信息
华南植物园 登录号20181037，2018年引自越南；生长状态良好。

昆明植物园 引种信息不详；生长状态良好。

物候
华南植物园 7月中下旬抽出花莛，但不久花序枯萎，无法正常开花。

昆明植物园 花期4月上旬至10月上旬，其中盛花期5月下旬至9月上旬；未观察到果实。

迁地栽培要点
喜凉爽，忌湿热，忌积水，适于栽培于林下坡地或草地上。花期常发生蓟马、葱兰夜蛾和斜纹夜蛾危害。

主要用途
观赏：株型秀美，叶背毛被厚，独特新颖，可用作庭园观赏及林下地被。

11 光叶仙茅

Curculigo glabrescens (Ridl.) Merr., J. Straits Branch Roy. Asiat. Soc. 85: 162. 1922.

华南植物园栽培

自然分布

产广东、海南，生于海拔1000m以下的林下或溪边湿地。马来西亚和印度尼西亚也有分布。

迁地栽培形态特征

多年生草本，高25~45cm，具根状茎。

根状茎 根状茎短，具横走茎和较粗的须根。

叶 叶片披针形或长圆状披针形，长18~40cm，中部宽3~8cm，向两端渐狭，无毛或背面脉上疏生短柔毛；叶柄长约为叶片的1/4，上面具槽，背面与侧面近无毛或疏被短柔毛。

花 花葶短，通常长2~4cm，直立或近直立，多少被毛；总状花序缩短，长1.5~3cm，密生数朵花；苞片披针形，长可达2.5cm，被毛或疏被柔毛；花直立，黄色，具短梗；花被裂片近长圆形，长1~1.1cm，宽约3.5mm，边缘内卷，外轮的略大且在背面被疏柔毛，内轮的仅背面中脉被毛；雄蕊稍短于花被裂片；花丝长约4mm，花药稍短于花丝或近等长；花柱纤细，与雄蕊近等长，柱头近头状；子房长圆形，顶端具长6~7mm的喙，连喙长1.5cm，被锈色茸毛。

果 浆果卵形或长圆状卵形，长约2.5cm，顶端具喙，多少被毛；种子表面具小疣状凸起。

引种信息

华南植物园　登录号20113066，2011年引自海南；生长状态良好。

物候

华南植物园　花期3月上旬至7月中旬、9月上旬至12月上旬，盛花期4月至6月上旬、10月至11月下旬；果期近全年。

迁地栽培要点

适应性好，耐阴湿，具有一定的抗旱性，不宜栽种于全日照条件下。繁殖以种子繁殖和分株繁殖为主，结实率和种子萌发率较高。花期常发生蓟马、葱兰夜蛾和斜纹夜蛾危害。

主要用途

观赏：叶片秀美，株型整齐大方，可用于庭院观赏或林下地被。

株型　　花序和花　　花　　花特写　　果实　　种子

12 疏花仙茅

Curculigo gracilis (Kurz) Hook. f., Fl. Brit. India 6: 278.1892.

上海植物园栽培

自然分布

产广西、四川和贵州，生于海拔约1000m的林下或阴湿山坡地。尼泊尔、不丹和越南也有分布。

迁地栽培形态特征

多年生草本，高40~50cm，具根状茎。

根状茎 根状茎极短，具细长的横走茎。

叶 具叶5~9枚，叶片披针形或近长圆状披针形，长20~50cm，中部宽3~5cm，向两端渐狭，顶端渐尖或近尾状，纸质或厚纸质，叶面无毛，背面脉上多少被疏柔毛；叶柄长约为叶片的1/4~1/3，上面有槽，背、侧面被毛，向基部扩大，多少具黑色膜质边缘。

花 花葶长13~20cm，外倾或近直立，被锈色茸毛；总状花序长6~9cm，通常疏生10~12朵花；苞片线状披针形，下部的较花为长，顶端长尾尖，上部的较短，边缘与顶端均被毛；花黄色，具长3~5mm的花梗；花被裂片近长圆形，长1~1.1cm，宽4~5mm，顶端钝，外轮的背面中脉上被伏毛；雄蕊长约为花被片的2/3，花丝极短，花药近线形，长6~7mm；花柱几与花被裂片等长；柱头头状，浅3裂，直径

1.5~2mm；子房近长圆形，顶端具短喙，全长约1cm（其中喙长2~3mm），被锈色茸毛。

🔴 **果** 浆果近瓶状，顶端有长约6mm的喙，连喙长约2cm，多少被毛；种子黑色，表面具纵凸纹。

引种信息

华南植物园 登录号20182171，2018年引自重庆药用植物园；生长状态良好。

杭州植物园 登录号17C24004-001，2017年引自重庆缙云山国家级自然保护区；生长状态良好。

重庆药用植物园 本地物种。

海医大药植园 登录号20180052，引种号JM2018037，2018年引自重庆药用植物园；生长状态良好。

物候

华南植物园 叶片四季常绿，未能观察到开花结果。

杭州植物园 叶片四季常绿，花期4~5月；果期7~8月。

重庆药用植物园 花期5~8月，盛花期6~7月；果期7~11月。

海医大药植园 叶片四季常绿，花期4月至6月下旬；果期7~9月。

迁地栽培要点

喜凉爽的栽培环境，耐阴湿，具有一定的抗旱性。花期常发生蓟马、葱兰夜蛾和斜纹夜蛾危害。

主要用途

观赏：株型优美，可用作林下地被或庭院观赏。

药用：根状茎可入药，具有祛风、活络、调经、祛痰、催吐的功效。

花序　花序侧面观　花　花特写

13 仙茅

Curculigo orchioides Gaertn., Fruct. Sem. Pl. 1: 63, pl. 16. 1788.

自然分布

产浙江、江西、福建、台湾、湖南、广东、广西、四川、云南和贵州。生于海拔1600m以下的林下、草地或荒坡上。东南亚各国至日本也有分布。

迁地栽培形态特征

多年生草本，高12~35cm，具根状茎。

根状茎 根状茎近圆柱状，粗厚，直生，直径约1cm，长可达10cm。

叶 叶片线形、线状披针形或披针形，大小变化大，长10~45cm，宽5~25mm，顶端长渐尖，基部渐狭成短柄或近无柄，两面疏生柔毛或无毛。

花 花葶长6~7cm，常大部分藏于鞘状叶柄基部之内，被柔毛；苞片披针形，长2.5~5cm，具缘毛；总状花序多少呈伞房状，通常具4~6朵花；花黄色；花梗长约2mm；花被裂片长圆状披针形，长8~12mm，宽2.5~3mm，外轮的背面有时散生长柔毛；雄蕊长约为花被裂片的1/2，花丝长1.5~2.5mm，花药长2~4mm；柱头3裂，分裂部分较花柱为长；子房狭长，顶端具长喙，连喙长达7.5mm，喙约占1/3，疏被毛。

果 未观察到果实。

引种信息

华南植物园 登录号20182172，2018年引自重庆药用植物园；生长状态良好。

海医大药植园 登录号20180044，引种号JM2018029，2018年引自重庆药用植物园；生长状态良好。

物候

华南植物园 花期4月上旬至中旬，花量少，盛花期不明显；未观察到果实。

海医大药植园 露地栽培，花期5~6月；未见结果实。

迁地栽培要点

喜林下荫蔽、半荫蔽的环境，耐阴湿，具有一定的抗旱性；结实率和种子萌发率不高，常分株繁殖为主。花期常发生蓟马、葱兰夜蛾和斜纹夜蛾危害。

主要用途

药用：根状茎具有补肾阳、强筋骨、祛寒湿的功效，用于治疗阳痿精冷，筋骨痿软，腰膝冷痹，阳虚冷泻等。

中国迁地栽培植物志·石蒜科·仙茅属

西双版纳热带植物园栽培　　　　华南植物园栽培
海医大药植园栽培　　　　根状茎直立粗壮
叶柄基部　　　　花

68

14 中华仙茅

Curculigo sinensis S. C. Chen, Acta Phytotax. Sin. 11: 133. 1966.

昆明植物园栽培

株型

自然分布

我国特有，产云南，生长于海拔1225~1800m的草地。

迁地栽培形态特征

多年生草本，高70~90cm，具根状茎。

根状茎 根状茎缩短而粗厚。

叶 革质，叶片长圆状披针形或宽线状披针形，长80~90cm，宽3.5~4.2cm，顶端长渐尖，基部渐狭成柄，具强烈折扇状的脉，上面近无毛，背面被长柔毛，脉上尤甚；叶柄长约为叶片的1/2，上面有槽，基部稍扩大，具黑色膜质边缘，下部被茸毛，上部毛较疏。

花 花莛长1.5~2.5cm，被茸毛，上部俯垂；总状花序长7~9cm，密生30~40朵花；苞片基部与边缘被毛，下面的钻形或狭线状披针形，长3~3.5cm，宽2~3mm，上面的较短；花直径约1cm；花梗长2~5mm，被毛；花被裂片近长圆形，长5~6mm，宽2.5~4mm，顶端急尖至钝圆，雄蕊长约为花被片的1/2，花丝极短，长不足1mm，花药长圆状披针形，长3mm；花柱圆柱状，略具棱，长于雄蕊，柱头近头状，浅3裂；子房近梭状，长7～8mm，顶端具短喙，被茸毛。

果 浆果长1.5～1.6cm，被柔毛，后毛渐稀疏，具短喙。

引种信息

昆明植物园 登录号K19820118和K20150754，分别为1982年、2015年引自云南金平；生长状态良好。

物候

昆明植物园 5月中旬抽出花葶，6月上旬现蕾期，花期6月中上旬至7月下旬；果期7～9月。

迁地栽培要点

喜凉爽、半荫蔽的栽培环境，耐干旱，忌水涝和全阴，杂草对其生长影响较小，适于西南地区栽培。繁殖以分株或者根茎繁殖为主。花期常发生蓟马、葱兰夜蛾和斜纹夜蛾危害。

主要用途

观赏：四季常绿，株型优美，为优良的林下地被植物。

药用：根茎含有降新木脂素及其苷、酚及酚苷类化合物和黄酮类化合物等多种生物活性成分，具有调节免疫、抗疲劳作用，为传统的补肾壮阳、心血管保护药物，具有抗氧化、抗衰老、抗骨质疏松等功效。

叶柄基部　叶片特写　花序

花序侧面观及苞片

果实

种子

垂筒花属

Cyrtanthus W. Aiton, Hort. Kew. 1: 414. 1789.

多年生草本，具鳞茎。鳞茎球形、椭球形或卵形，直径1~15cm，单生、丛生或小鳞茎萌生，半裸露，顶部具长或短颈脖；外表皮膜质或纸质。叶1~16枚，叶片线形、披针形或带状，直立或开散，有时螺旋状旋转。伞形花序具1~28朵花，直立、开散或松散偏向一侧；花葶直立、近直立或弯曲，中空；佛焰苞状总苞片2~4枚，披针形或卵圆形，直立至弯曲，膜质，快速枯萎，半透明白色、棕色或红色；花梗直立至弯曲，通常果期伸长。花辐射对称或稍两侧对称，稀二唇形，管状、漏斗状或喇叭状，直立至下垂；花被管显著，直立或弯曲，基部有时圆柱形并向顶部稍变宽；雄蕊6枚，通常2列，稀1列，内藏，稀伸出；花丝直立，稀基部附属物联合形成一个具有12枚裂片的假花冠；花药椭圆形，背着；子房下位，椭圆形、矩圆形或卵形；每室具胚珠多数，3室。种子平展，长5~13 mm，黑色，具翅。

本属约有50种，主要分布于中非和南非。我国植物园引入栽培1种。

15 垂筒花

Cyrtanthus mackenii Hook. f., Gard. Chron. 641. 1869.

自然分布

原产南非。我国南方部分城市和植物园有栽培。

迁地栽培形态特征

多年生草本，具鳞茎。

鳞茎 近球形，直径1.5~3.5cm，半裸露；外被数层表皮纸质，深棕色，顶端颈脖长1~3cm。

叶 具叶4~5枚，叶片狭披针形，绿色，有时基部渐变为暗棕色，长30~40cm，宽0.7~1.8cm，半直立或弯曲，腹面具浅凹槽，顶端尖锐，背面具3脉。

花 花葶近直立，长10~45cm，中空，浅绿色；伞形花序具花3~9朵，具香味；佛焰状总苞2枚，披针形，长2.5~6cm，宽0.4~0.8cm，花后干枯变浅棕色；花梗半直立或稍弯垂，长1.0~2.7cm，浅绿色，果期伸长；花管状，两侧对称，略弯曲、近直立或向一侧散开，白色、乳黄色或浅黄色；花被管圆柱形，长2.5~4.7cm，向喉部逐渐变宽；花被片卵形，长3.5~10mm，宽2.5~5mm，开散至反卷，顶端尖锐；雄蕊内藏，着生于花被管上部及喉部；花丝长1~1.2mm，白色或黄色；子房椭圆形，长4~5mm，深绿色或灰色；花柱内藏，略弯曲，长2.3~4.5cm；柱头微3裂。

果 蒴果椭圆形，长1~2cm，宽0.7~0.9cm。

常见栽培品种有粉花垂筒花（*Cyrtanthus mackenii* 'Pink'），花色淡粉色，为优良园林观赏花卉。

引种信息

华南植物园 登录号20180014，2018年引种自厦门市园林植物园；生长状态良好。

厦门市园林植物园 登录号20130132、20130922，2013年引种自泰国；生长状态良好。

杭州植物园 登录号15A15001，2015年引种自南非（网络购买）；温室栽培，长势良好。

物候

华南植物园 1月上旬现蕾期，1月中旬至2月中旬花期，花量少，盛花期不明显；果期2月下旬至3月下旬。

厦门市园林植物园 12月中下旬抽出花葶，翌年1月上旬始花期，1月下旬至2月盛花期，3月中下旬至4月上旬花末期；果期1月下旬至5月上旬。

杭州植物园 温室栽培，常绿，花期2~4月；果期4~6月。

迁地栽培要点

抗性强，耐高温、干旱，喜光照，宜肥沃、排水良好的砂质土壤，忌水涝，冬季怕冻害。结实率和种子萌发率较高，以播种繁殖为主，也可以分株繁殖。花期常发生蓟马、葱兰夜蛾和斜纹夜蛾危害。

中国迁地栽培植物志·石蒜科·垂筒花属

主要用途

观赏：花姿优雅，具有甜香味，是花友喜爱的观赏球根花卉，可植于庭院观赏，也适合盆栽，亦可用于切花。

厦门市园林植物园栽培

华南植物园栽培

垂筒花栽培品种 *Cyrtanthus mackenii* 'Pink'

南美水仙属

Eucharis Planch., Cat. Pl. Exot. 8: 3. 1853.

多年生草本，具鳞茎。叶常绿，叶片卵形至椭圆形，具多数弧状脉；具叶柄，基部无叶鞘套叠。花葶与叶近等长，中空；伞形花序具数朵至10余朵花，佛焰苞状总苞片膜质，快速干枯；花被管长而纤细，弯曲，向顶端稍扩张；花被裂片椭圆形至阔卵形，非线形，通常短于花被管，白色；雄蕊着生于杯状体（雄蕊杯）上，通常花被与雄蕊对生，雄蕊杯的边缘锯齿状，花药"丁"字形着生；子房3室，具胚珠多数，花柱稍长于雄蕊，柱头3裂；种子圆形，黑色或蓝色。

本属约有10种，主要分布于南美洲热带地区，我国植物园引入栽培1种。

16 南美水仙

Eucharis × *grandiflora* Planch. et Linden, Fl. Serres Jard. Eur. 9: 255, pl. 957. 1853 [1854].

自然分布

原产哥伦比亚和厄瓜多尔。我国部分植物园有栽培。

迁地栽培形态特征

多年生草本，具鳞茎。

鳞茎 地下部分的鳞茎肥大似洋葱，卵形至广卵状球形，外被棕褐色皮膜，具白色肉质根，分枝较多，根系发达，鳞茎周围每年春季常萌发幼芽。

叶 叶片宽大，阔卵形至椭圆形，叶面深绿色，具光泽，叶具柄，无叶鞘，长28～35cm，宽15～18cm，表面暗绿色，背面绿色，纵向脉纹明显，每个鳞茎有叶片4～5枚。

花 花葶长50～60cm，中空；顶生伞形花序，着生5～7朵花。花扁筒状，白色，直径7.5cm，具芳香；花冠筒圆柱形，花瓣开展呈星状，花被裂片卵形至卵圆形；具雄蕊杯，杯状体黄绿色或淡黄绿色，花药线形；花柱纤细，柱头顶端3裂。

果 未观察到结果实。

引种信息

西双版纳热带植物园 登录号00,2001,3644，2001年引自海南乐东；生长状态良好。

厦门市园林植物园 登录号19650233，1965年引自香港；生长状态良好。

南京中山植物园 引种年份不详，引自西双版纳热带植物园；生长状态良好。

物候

西双版纳热带植物园 3月中旬现蕾期，4月上旬始花期，7月中旬盛花期，10月上旬花末期；未观察到果实。

厦门市园林植物园 四季常绿，花期4月；未观察到果实。

南京中山植物园 现蕾期11月中旬，始花期11月下旬，盛花期12月中上旬。

迁地栽培要点

喜温暖、湿润、半荫蔽的栽培环境，繁殖常以分球为主，也可进行组织培养繁殖。花期常发生蓟马、葱兰夜蛾和斜纹夜蛾危害。

主要用途

观赏：叶片宽大，飘逸豪放，花朵洁白，清香四溢，可用于庭院观赏，亦可盆栽美化室内环境，为优良的观赏球宿根花卉之一。

西双版纳热带植物园栽培

厦门市园林植物园栽培

南京中山植物园栽培

龙须石蒜属

Eucrosia Ker Gawl., Bot. Reg. 3: t. 207. 1817.

多年生草本，具鳞茎。鳞茎卵形或卵圆形。叶数枚，基生，叶片椭圆形、阔卵形至卵状椭圆形，中脉稍明显；叶具叶柄；叶在花末期或花后抽出。花莛直立，中空，长于叶片；伞形花序具数朵至十余朵花，花梗长2~8cm，花狭漏斗状，多少两侧对称，花黄色、白色、红色至橙红色，花被6枚，近等大或稍不等大，雄蕊6枚，下弯，伸出，通常远长于花被裂片，稀短于花被裂片，雄蕊中下部联合，基部具附属物，围成雄蕊杯，雄蕊杯边缘无齿，基部具球形蜜腺，花药长椭圆形，背着，"丁"字形着生；子房具胚珠多数，花柱丝状，长于或等长于雄蕊，伸出，顶端稍膨大，3裂。

本属有7种，主要分布于南美洲厄瓜多尔、秘鲁。我国植物园引入栽培1种。

17 龙须石蒜

Eucrosia bicolor Ker Gawl., Bot. Reg. 3: pl. 207. 1817.

西双版纳热带植物园栽培

自然分布

原产厄瓜多尔、秘鲁。我国部分植物园有栽培。

迁地栽培形态特征

多年生草本，具鳞茎。

🔴鳞茎 卵圆形。

🔴叶 叶片椭圆形至卵状椭圆形，长15~26cm，宽6~8.5cm，顶端急尖至钝尖，具小尖头，边缘稍下延，中脉稍明显，叶面绿色，背面淡绿色，叶柄长6~12cm，横截面半圆柱形。

🔴花 花葶长22~30cm，中空；总苞片2枚，长3.5~4.5cm，膜质；聚伞花序具3~8朵花，花梗长2.8~4.5m，花连同雄蕊长7~7.5cm，花被片6枚，倒卵状长椭圆形，顶端具钝尖头，红色至橙红色，长4.2~4.8cm，宽5~6mm，裂至近基部；雄蕊6枚，着生于花被片基部，伸出，花丝长7~7.5cm，稍不等长，中下部合生成筒状，基部具附属物，围成小的稍不规则的雄蕊杯，雄蕊杯无齿，下部具球形蜜腺，花药长椭圆形，长约5mm，黄色；子房下位，每室具胚珠多枚，花柱长7~7.5cm，柱头顶端3裂。

🔴果 未观察到果实。

引种信息

西双版纳热带植物园　　登录号30,2002,0174，2002年引自老挝；生长状态良好。

华南植物园　　登录号20115503，2011年引自泰国；生长状态良好。登录号20113076，2011年引种海南；生长状态良好。

厦门市园林植物园　　登录号20180046，2018年引自西双版纳热带植物园；生长状态良好。

物候

华南植物园　　12月中下旬地上部分渐枯萎，翌年1月至3月中上旬为休眠期，3月下旬现蕾期，4月上旬至6月下旬花期；4月中下旬开始抽出新叶，后期花、叶同展，盛花期4月中旬至6月上旬；未观察到果实。

厦门市园林植物园　　1月至4月中上旬休眠期，4月下旬至5月上旬萌动，5月中下旬展新叶，6月展叶盛期；未观察到开花结果。

迁地栽培要点

喜温暖、湿润的，以林下漫射光或半荫蔽的栽培环境为宜，土壤要求疏松、排水性好，以肥沃、富含有机质的壤土为宜。花期常发生蓟马、葱兰夜蛾和斜纹夜蛾危害。

主要用途

观赏：花姿奇特而飘逸，叶形美观，用于庭院观赏和花境配置，为优良的观赏球宿根花卉。

华南植物园栽培

美花莲属

Habranthus Herb., Bot. Mag. 51: pl. 2464.1824.

多年生草本，具鳞茎。鳞茎具外表皮，丛生或单生，通常部分裸露，卵球形至近球形。叶线形。花葶中空；具1朵花；佛焰苞状总苞片1枚，披针形，下部合生成管状，花梗直立或近直立，花漏斗状至狭漏斗状，辐射对称，花被管短或极短，花被片同形或近同形，副花冠缺；雄蕊6枚，稍下弯，花丝2型，着生于花被裂片基部；花柱伸出，长于雄蕊，与雄蕊同一方向下弯，柱头顶端3裂。蒴果球形，具3棱，具种子多数；种子扁平，具翅，黑色。

本属有10~20种，主要分布于南美热带地区，我国植物园引入栽培1种。

18 壮石蒜

Habranthus robustus Herb., Brit. Fl. Gard. 4: pl. 14. 1838 [1829]

西双版纳热带植物园栽培

华南植物园栽培

自然分布

原产巴西、阿根廷和乌拉圭。我国部分植物园有栽培。

迁地栽培形态特征

多年生草本，具鳞茎。

鳞茎 卵圆形。

叶 叶片带状线形，长20～40cm，宽0.8～1.3cm，顶端急尖或钝圆，稍对折，绿色至灰绿色。

花 花葶长20～25cm，中空；总苞片长4～5cm；花梗长4～4.2cm，花长6～7.5cm，直径6～7cm，花被片6枚，狭倒卵状披针形，长6～7.5cm，宽1.6～2.5cm，裂至基部，但中下部围成筒状，上部开展呈喇叭状，粉红色或淡粉红色，近基部黄绿色；雄蕊6枚，着生于花被片基部，不伸出，花丝长

1.5~3.5cm，不等长，花药线形，长5~6mm，黄色；子房下位，花柱长约5cm，柱头3裂。

🔴 **果** 蒴果球形，直径1.7~2cm，成熟时3片裂，具种子多数；种子长7~8mm，宽3~4mm，黑色，扁平。

引种信息

西双版纳热带植物园 登录号41,2010,0024，2010年引自加拿大；生长状态良好。

华南植物园 登录号19990037，1999年引自美国；生长状态良好。

厦门市园林植物园 登录号2011171，2011年引自华南植物园；生长状态良好。

物候

华南植物园 花期5月下旬至6月下旬，盛花期6月中上旬；果期6月至7月下旬。

厦门市园林植物园 5月下旬至6月上旬抽出花葶，6月中上旬始花期，6月中下旬盛花期；6月中下旬至8月果期。

迁地栽培要点

喜温暖、湿润、半荫蔽的栽培环境，以肥沃、排水性好的砂质壤土为佳。在雨季来临时能抽出大量花葶，花期集中。花期常发生蓟马、葱兰夜蛾和斜纹夜蛾危害。

主要用途

观赏：花色淡雅，花姿美丽大方，可用于庭院观赏或花境配置。

叶特写　　5月下旬抽出花葶　　花蕾　　盛花期

虎耳兰属

Haemanthus L.,Sp. Pl. 1: 325. 1753.

多年生草本，具鳞茎。鳞茎具外表皮，丛生或单生，部分裸露，卵形至卵球形，直径1.5~15cm，通常扁平。叶1~6枚，通常2枚，两列对生，开散、弯曲或匍匐，叶片线形、披针形、带状、舌状或椭圆形，具斑点或无，叶背通常密被柔毛或无毛。伞形花序；花莛实心，多少扁平状；佛焰苞状总苞片4~13枚，披针形、卵形、椭圆形或匙形，花梗直立、近直立或开散，花辐射对称，椭圆形或星形，直立、半直立或开散；花被管细长或钟形，长1~12 mm；花被片椭圆形或狭披针形，长于花被筒；雄蕊6枚，着生于花被管顶部，内藏或伸出；花丝直立或稍开散，花药椭圆形，背着，"丁"字形；子房下位，近球形，3室，每室具1或2枚胚珠；柱头线形，直立，顶端稍3裂。浆果球形、卵形或椭圆形，成熟后具芳香；种子卵形，直径5~8mm，肉质，光滑。

本属有21种，变异较大，主要分布于南非。我国植物园引入栽培1种。

19 虎耳兰

Haemanthus albiflos Jacq., Pl. Hort. Schoenbr. 1: 31. 1797.

自然分布

原产南非地区。我国部分植物园有栽培。

迁地栽培形态特征

多年生草本，具鳞茎。

🌰 **鳞茎** 卵形，直径4~8cm，半裸露，丛生，肉质，部分外被一层薄纸质棕色表皮。

🍃 **叶** 具叶2、4或6枚，冬季或夏季生长，叶片革质，椭圆形或舌形，长4~45cm，宽3~10cm，匍匐或开散，浅至深绿色，叶两面光滑或被稀疏短毛，边缘具纤毛。

🌸 **花** 花葶直立或近直立，长5~32cm，浅绿色；伞形花序倒圆锥形或卵形，具多朵花；佛焰苞状总苞片4~8枚，椭圆形或卵形，长1.8~3.5cm，宽0.6~3cm，边缘具茸毛；花梗直立，长1~10mm，绿色；花被筒圆柱形，长4~7mm；花被片椭圆形，长1~1.8cm，宽1~2mm；雄蕊显著伸出，花丝白色，长1.5~2cm；子房椭圆形，直径1~2mm；花柱显著伸出，长1.5~2cm，白色。

🍊 **果** 浆果卵形，直径8~10mm，橙色；种子卵形，直径4~6mm，白色。

引种信息

华南植物园 登录号20041962，2004年引自南京中山植物园；生长状态一般。

厦门市园林植物园 引种信息不详；生长状态良好。

杭州植物园 登录号17A10001，2017年引自重庆药用植物园；温室栽培，长势良好。

物候

华南植物园 开花不定期，仅2012年观赏到开花，11月中上旬，花期短，盛花期不明显；未观察到果实。

厦门市园林植物园 6月下旬至7月进入休眠期，地面部分渐枯黄；8月下旬至9月上旬开始萌新芽、展新叶；10月中下旬抽出花葶，11月上旬始花期，11月中下旬盛花期，12月上旬花末期；12月中下旬至翌年3月上旬果期。

杭州植物园 温室栽培，常绿，至今未见开花结果。

迁地栽培要点

喜温暖、湿润的栽培环境，抗性强，耐干旱，忌水涝和全阴。繁殖以分球为主，也可进行组织培养繁殖。夏季避免太阳直射产生黄斑焦叶。花期常发生蓟马、葱兰夜蛾和斜纹夜蛾危害。

主要用途

观赏：植株四季常绿，姿态优美，开花时白色花丛顶端着生黄色的花药，鲜艳醒目，适合花境配置或室内盆栽。

　　药用：对多种毒素具有很好的解毒效果，具有解毒消肿的功效。

株型

8月下旬开始抽出新叶

叶基部及鳞茎顶部

花特写侧面观

花特写

朱顶红属

Hippeastrum Herb., App. Bot. Reg. 31. 1821.

多年生草本。鳞茎通常大，球形或近球形。叶片带形长椭圆形，通常与花同时抽出。花葶中空；伞形花序有花2至多朵，稀1朵；佛焰苞状总苞片2枚；每花具小苞片1枚；花大，漏斗状，水平开展或稍下垂；花被管短，稀较长，喉部常具小鳞片，花被裂片几相等或内轮较狭，红色、白色或具白色条纹；雄蕊着生于花被管喉部，稍下弯，花丝丝状，花药线形或线状长圆形，"丁"字形着生；子房3室，每室具多数胚珠，花柱较长，下垂，柱头头状或3裂。蒴果球形，室背3瓣开裂；种子通常扁平。

本属约有75种，主要分布于美洲和亚洲的热带地区。我国植物园引入栽培有2种。

朱顶红属分种检索表

1a 叶片中央具1条白色纵肋 ·· 20. 白肋朱顶红 *H. reticulatum* var. *striatifolium*
1b 叶片绿色至深绿色，叶面不具白色纵肋 ················· 21. 朱顶红 *H. striatum*

20 白肋朱顶红

Hippeastrum reticulatum var. *striatifolium* (Herb.) Herb., Amaryllidaceae 137. 1837.

西双版纳热带植物园栽培

南京中山植物园栽培（张玲 摄）

自然分布

原产南美洲。我国部分植物园有栽培。

迁地栽培形态特征

多年生草本，具鳞茎。

🔴鳞茎 肥大、近球形，鳞茎皮褐色或黑褐色。

🔴叶 叶与花莛同时抽出或花末期抽出，叶片带状，长30~40cm，宽约8cm，翠绿色，中央具一条宽约1cm的纵向、白色斑纹，自叶基部至顶端。

🔴花 花莛高30~34cm，中空，稍扁；伞形花序具2~6（7）朵花，花白色，密布红色细脉纹；花被裂片狭倒披针形；雌蕊伸出于花被外，较花被片长，花丝和柱头均为白色。

🔴果 未观察到果实。

引种信息

厦门市园林植物园 引种信息不详；生长状态良好。

昆明植物园 引种信息不详；生长状态良好。

桂林植物园 登录号z-厦门-056，2011年引自厦门华侨植物引种园；生长状态良好。

物候

厦门市园林植物园 2~4月中上旬休眠期，9月中旬抽出花莛，9月下旬至10月上旬始花期，12月至翌年1月盛花期。

桂林植物园　12月下旬至翌年1月上旬盛花期；冬季低温时地上部分渐枯萎。

迁地栽培要点

喜温暖、湿润的栽培环境，抗性强，耐干旱，忌水涝和全阴，适于黄河以南地区栽培。繁殖以播种和分球为主，也可进行组织培养繁殖。花期常发生蓟马、葱兰夜蛾和斜纹夜蛾危害。

主要用途

观赏：花姿清雅素丽，为优良的观花、观叶植物，用于庭院观赏、花境配置或盆栽。

21 朱顶红

Hippeastrum striatum (Lam.) H. E. Moore, Baileya 11: 16. 1963.

西双版纳热带植物园栽培

华南植物园第二届朱顶红展（李斌 摄）

自然分布

原产巴西。我国南方城市及植物园广为栽培。

迁地栽培形态特征

多年生草本，具鳞茎。

鳞茎 近球形，直径5~7.5cm。

叶 具叶6~8枚，常与花同时抽出，鲜绿色，带形，长25~35cm，基部宽2~3cm。

花 花葶中空，稍扁，高35~42cm，宽约2cm，具有白粉；花2~4朵；佛焰苞状总苞片2枚，披针形，长3~4cm；花梗纤细，长3~5cm；花被管绿色，圆筒状，长2~2.5cm，花被裂片长圆形，顶端尖，长约12cm，宽约5cm，洋红色，略带绿色，喉部有小鳞片；雄蕊6，长约8cm，花丝红色，花药线状长圆形，长约6mm，宽约2mm；子房长1.4~1.6cm，花柱长约10cm，柱头3裂。

果 蒴果圆柱形或近圆形，通常具3棱，绿色，成熟后变为黑褐色，室背开裂；种子圆片状，周围具翅，深棕色或黑色。

本种具多个栽培品种，为优良观赏球根花卉。

引种信息

西双版纳热带植物园 登录号00,2011,0178，2011年引种自云南元江；生长状态良好。

华南植物园 登录号xx160191，引种信息不详；生长状态良好。

厦门市园林植物园 引种信息不详；生长状态良好。

昆明植物园 登录号K19780055，引种号(78-271)，1978年引自泰国；生长状态良好。

桂林植物园 引种信息不详；生长状态良好。

杭州植物园 引种信息不详；生长状态良好。

海医大药植园 登录号xx000711，引种信息不详；生长状态良好。

物候

西双版纳热带植物园 2月上旬至3月上旬现蕾期，3月中旬始花期，3月下旬至4月中旬盛花期，4月下旬至5月上旬花末期；未观察到果实。

华南植物园 现蕾期3月下旬至4月上旬，花期4月上旬至5月中旬，其中盛花期4月中旬至5月上旬；果期5月至6月中旬。

厦门市园林植物园 5月中上旬开始展叶，10月中下旬开始枯萎，11月中上旬完全枯萎；2月中下旬现蕾期、始花期、盛花期，4月上旬花末期。

昆明植物园 11月开始，地上部分渐枯萎；翌年2月中旬至3月中旬，陆续出苗，4月中旬展叶期、现蕾期，4月中旬至5月下旬盛花期；5月下旬至6月中旬结果，7~8月果熟，可采集种子。

桂林植物园 4月下旬至5月上旬盛花期；5~6月果期；冬季地上部分倒伏枯萎。

杭州植物园 冬季枯萎，3月中上旬开始展叶，5月中下旬花期；果期6月中上旬。

海医大药植园 冬季枯萎，3月中上旬抽叶，5月中上旬花期；果期6月中上旬。

迁地栽培要点

抗性强，耐干旱，忌水涝和全阴，夏季避免强光长时间直射，冬季栽培需充足阳光，适于黄河以南地区栽培。繁殖以播种和分球为主，也可进行组织培养繁殖。花期常发生蓟马、葱兰夜蛾和斜纹夜蛾危害。

主要用途

观赏：观花、观叶俱佳，为优良的球根观赏花卉，适于庭院栽培和花境配置，也适于盆栽装饰居室、走廊，还可以作为鲜切花使用。

药用：茎、叶均有活血解毒、散瘀消肿的功效。

朱顶红在深圳大湾区花展中花境应用

深圳大湾区花展中朱顶红品种应用展示

水鬼蕉属

Hymenocallis Salisb., Trans. Hort. Soc. London 1: 338. 1812.

多年生草本。鳞茎球形。叶片线形、带形、阔椭圆形或阔倒披针形。花葶实心；伞形花序具花数朵，总苞片佛焰苞状，卵状披针形；花被管圆柱形，细弱，上部扩大，花被裂片狭，近相等，扩展，白色；雄蕊着生于花被管喉部，花丝基部合生呈杯状体（雄蕊杯），花丝上部分离，花药"丁"字形着生；子房下位，每室具胚珠2枚，柱头头状。

本属约有50种，主要分布于美洲温暖地区。我国植物园引入栽培1种。

22 水鬼蕉

Hymenocallis littoralis (Jacq.) Salisb., Trans. Hort. Soc. London 1: 338. 1812.

自然分布

原产热带美洲地区。我国南方城市及植物园广为栽培。

迁地栽培形态特征

多年生草本，具鳞茎。

鳞茎 球形，直径7~10cm。

叶 具叶10~12枚，叶片剑形，长45~75cm，宽2.5~6cm，顶端急尖，基部稍对折、渐狭，叶面深绿色，中脉明显，在叶面凹下，在背面明显凸起。

花 花葶扁平，高30~80cm；佛焰苞状总苞片长5~8cm，基部极阔；具花3~8朵，白色；花被管纤细，长短不等，长可达10cm以上，花被裂片线形，通常短于花被管；杯状体（雄蕊杯）钟形或阔漏斗形，长约2.5cm，具齿，花丝分离部分长3~5cm；花柱约与雄蕊等长或更长。

果 蒴果肉质，近球形。

引种信息

西双版纳热带植物园 登录号03,2000,0020，2000年引自巴西；生长状态良好。

华南植物园 登录号xx110526，引种信息不详；生长状态良好。

厦门市园林植物园 引种信息不详；生长状态良好。

桂林植物园 引种信息不详；生长状态良好。

杭州植物园 引种信息不详；生长状态良好。

海医大药植园 登录号xx000491，引种信息不详；生长状态良好。

南京中山植物园 登录号2017I412，2017年引种自浙江苍南；生长状态良好。

物候

西双版纳热带植物园 四季常绿，5月上旬至下旬现蕾期，6月上旬至8月下旬花期，盛花期不明显，10月下旬花末期；果期8月下旬至翌年1月。

华南植物园 四季常绿，现蕾期5月中下旬，始花期5月下旬至6月上旬，盛花期6月中旬至7月上旬，花末期7月中旬；未观察到果实。

厦门市园林植物园 6月上旬始花期，6月中下旬至7月盛花期，8月花末期；未观察到果实。

杭州植物园 冬季枯萎，3月中上旬抽叶，7月中下旬花期；未观察到果实。

桂林植物园 冬季枯萎，6月下旬至7月中旬盛花期，8月上旬末花期；未观察到果实。

海医大药植园 冬季枯萎，3月中上旬抽叶，7月中上旬花期；未见果实。

南京中山植物园 4月中旬萌芽，6月上旬抽出花葶，6月中旬现蕾期，6月下旬至7月下旬盛花期；果期9月下旬；12月上旬休眠，地上部分枯萎。

迁地栽培要点

抗性好，喜光照、温暖湿润，不耐寒；喜肥沃的土壤。繁殖多采用分球繁殖的方法。春季不通风、湿度大时或夏季高温环境下，易染赤斑病、褐斑病和炭疽病，可以摘除病叶或喷苯醚甲环唑或嘧菌酯进行防治。花期常发生蓟马、葱兰夜蛾和斜纹夜蛾危害。

主要用途

观赏：花姿典雅，株型优美，为优良的地被观赏植物，南方城市常用于道路绿化带配置，北方地区可温室或盆栽观赏。

药用：叶具有舒筋活血、消肿止痛的功效，治跌打肿痛、痈肿初期、关节风湿痛、痔疮等。

西双版纳热带植物园栽培　　华南植物园栽培

厦门市园林植物园栽培　　海医大药植园栽培　　南京中山植物园栽培

株型　叶基部及鳞茎顶端　花序　花　花局部　叶片染病害

小金梅草属

Hypoxis L.Syst. Nat. (ed. 10) 2: 972, 986, 1366. 1759.

多年生草本。具块茎或近球形的根状茎。叶基生，3~20枚，叶片狭长，无柄。花葶纤细，短于叶片；花1至数朵，单生或顶生的近伞形花序、总状花序；无花被管，花被片6枚，宿存；雄蕊着生于花被片基部，花丝短，花药近基着；子房下位，3室，花柱较短，柱头3裂。蒴果。

本属约有100种，主要分布于热带各地。我国有1种，产西南、华南和东南各地，植物园栽培1种。

23 小金梅草

Hypoxis aurea Lour., Fl. Cochinch. 200. 1790.

西双版纳热带植物园栽培

厦门市园林植物园栽培

自然分布

产江苏、安徽、浙江、江西、福建、台湾、湖北、湖南、广东、广西、贵州、云南。生于低海拔至2600m的森林边缘和坡地。东南亚地区及日本也有分布。

迁地栽培形态特征

多年生矮小草本。

茎 根状茎肉质，球形或长圆形，外面具纤维残迹。

叶 基生，具4~12枚，叶片狭线形，长7~22cm，宽2~6mm，顶端长渐尖，基部膜质，疏被黄褐色丝状长毛。

花 花葶纤细，高2.5~13cm；花序具1~2朵花，疏被丝状长毛；苞片小，2枚，刚毛状；花黄色；无花被管，花被片6枚，长圆形，长6~8mm，宿存，疏被丝状长毛；雄蕊6枚，着生于花被片基部，花丝短；子房下位，3室，长3~4.5mm，疏被丝状长毛，花柱短，柱头3裂。

果 蒴果棒状，长6~10mm，成熟时3瓣开裂；种子多数，近球形，表面具瘤状凸起。

引种信息

西双版纳热带植物园 登录号00,2008,1034，2008年引自云南勐腊；生长状态良好。

厦门市园林植物园 引种信息不详；生长状态良好。

物候

厦门市园林植物园 4月上旬抽出花葶，4月中旬始花期，5~6月盛花期，7~10月也都有花，但是花量相对较少，花期长；未观察到结果。

主要用途

观赏：花姿典雅，叶形优美，可用于庭院观赏、花境配置。

药用：本草入药，具有温肾壮阳、补气的功效，用于治疗肾虚腰痛、疝气痛。

雪片莲属

Leucojum L., Sp. Pl. 1: 289.1753.

多年生草本。鳞茎坚实，稍小。基生叶与花茎同时抽出，叶片丝状、线状或宽带状。花葶坚硬中空或纤细实心；伞形花序具花数朵或有时仅1朵；总苞片佛焰苞状，1~2枚，离生；花梗纤细；花白色；无花被管或有时花被片基部仅稍连合，花被片几相等；雄蕊着生于花被片基部，花丝丝状，花药基着；子房每室有胚珠多数，花柱丝状或近顶端呈瘤状，柱头细小。蒴果3室，室背开裂；种子近球形。

本属约12种，主要分布于南欧及地中海一带。我国植物园引入栽培1种。

24 夏雪片莲

Leucojum aestivum L., Syst. Nat. (ed. 10) 2: 975. 1759.

自然分布

原产欧洲中部及南部。我国部分植物园有栽培。

迁地栽培形态特征

多年生草本，具鳞茎。

鳞茎 鳞茎卵圆形，直径2.5～3.5cm。

叶 基生叶数枚，绿色，宽线形，长30～50cm，宽1～1.5cm，顶端钝头。

花 花莛中空，略高于叶或与叶近等长；佛焰苞状总苞片1枚，长3～4cm，宽5～10mm；伞形花序有花3至数朵，有时仅1朵，花梗长1～5cm，长短不一，花后稍延伸；花下垂或半低俯状，花被片长约1.5cm，白色，顶端具绿色斑点；雄蕊长约为花被片的一半；子房下位，长椭圆形，长5～10mm；花柱长于雄蕊。

果 蒴果近球形，直径约2cm；种子黑色。

引种信息

华南植物园 登录号20190069，2019年引自海军军医大学药植园；生长状态良好。

杭州植物园 引种信息不详；生长状态良好。

海医大药植园 登录号xx000620，引种信息不详；生长状态良好。

物候

华南植物园 3月上旬现蕾期，3月中旬始花期，3月中下旬盛花期，4月上旬花末期；未观察到果实；3月上旬至中旬展叶期，6月上旬生长势差，6月中旬地面部分渐枯萎，6月下旬开始进入休眠期。

杭州植物园 冬季地上部分枯萎，2月中上旬展叶，花期3月中下旬；果期4～5月。

海医大药植园 冬季地上部分枯萎，2月展叶期，花期3月中下旬；果期4～5月。

迁地栽培要点

适应性强，耐干旱，耐阴湿，喜光照和肥沃、排水良好的土壤，忌水涝。繁殖多以分株繁殖为主。花期常发生蓟马、葱兰夜蛾和斜纹夜蛾危害。

主要用途

观赏：花姿典雅，清新飘逸，为优良的地被观赏植物，可应用于水边绿地美化及花坛、花境、岩石园等布置，也可盆栽观赏。

石蒜属

Lycoris Herb., Bot. Mag. 47: 5, sub pl. 2113. 1820.

多年生草本，具鳞茎。鳞茎卵形或近球形，鳞茎皮褐色或黑褐色。叶于花前或花后抽出，叶片带状。花葶单一，实心，直立；总苞片2枚，膜质；伞形花序具4~8朵花；花白色、乳白、奶黄、金黄、粉红至鲜红色；花被漏斗状，花被管筒状，花被裂片倒披针形或长椭圆形，边缘皱缩或不皱缩；雄蕊6枚，着生于喉部，花丝丝状，花丝间具6枚极微小的齿状鳞片，花药"丁"字形着生；雌蕊1枚，花柱细长，柱头小，头状，子房下位，3室，每室具少数胚珠。蒴果通常具三棱，室背开裂；种子近球形，黑色。

全世界约有20种，主要产我国和日本，少数产缅甸和朝鲜。我国有17种，产长江以南，尤以温暖地区种类较多；植物园栽培19种。

全属植物的鳞茎皆含石蒜碱，此碱经氢化后有抗阿米巴痢疾的作用，为吐根的代用品；另外有些种类含有加兰他敏、力可拉敏，在临床上为治疗小儿麻痹后遗症的要药；民间把鳞茎捣碎，敷治肿毒，鳞茎还含有大量的淀粉，可作浆糊、浆布之用。

石蒜属分种检索表

1a 花喇叭状，辐射对称或近辐射对称，花被片不皱缩或仅基部皱缩，顶端略反卷；春季出叶。
  2a 花橙红色。
    3a 叶片宽1.5～2cm；花被长6～6.5cm；雄蕊略伸出花被片 ·············· 29. 济州石蒜 L. chejuensis
    3b 叶片宽1～1.3cm；花被长3.5～4.5cm；雄蕊略短于花被片 ·············· 40. 血红石蒜 L. sanguinea
  2b 花白色、黄色或淡紫红色。
    4a 叶片宽1～2cm。
      5a 花白色，花被片背面具紫红色中肋，花后渐变为肉红色 ·············· 35. 香石蒜 L. incarnata
      5b 花淡紫红色。
        6a 花被长4.5～7cm，顶端带蓝色，宽1～1.2cm ·············· 42. 换锦花 L. sprengeri
        6b 花被长7～8cm，顶端偶尔带蓝色，宽1.7～2cm ·············· 43. 鹿葱 L. squamigera
    4b 叶片宽2.2～4cm。
      7a 花被筒长3～3.5cm ·············· 26. 安徽石蒜 L. anhuiensis
      7b 花被筒长4～6cm。
        8a 花白色或粉红色 ·············· 36. 长筒石蒜 L. longituba var. longituba
        8b 花黄色 ·············· 37. 黄长筒石蒜 L. longituba var. flava
1b 花非喇叭状，两侧对称，花被片显著皱缩和反卷；春季或秋季出叶。
  9a 秋季出叶；雄蕊显著伸出于花被片。
    10a 雄蕊伸出花被片1/3～1倍左右；花鲜红色、白色、稻草黄色。
      11a 雄蕊比花被片长1倍左右；花鲜红色；叶片宽小于1cm ·············· 38. 石蒜 L. radiata
      11b 雄蕊比花被片长1/3倍左右；叶片宽一般大于1cm。
        12a 花白色，花被片背面具绿色中肋 ·············· 33. 江苏石蒜 L. houdyshelii
        12b 花红色或稻草黄色。
          13a 花红色，花被片背面具黄绿色中肋 ·············· 34. 湖北石蒜 L. hubeiensis
          13b 花稻草黄色，花后变白，花被片腹面有时具红色条纹 ·············· 44. 稻草石蒜 L. straminea
    10b 雄蕊伸出花被片1/6左右，花黄色、玫红色。
      14a 叶片剑形；花黄色 ·············· 27. 忽地笑 L. aurea
      14b 叶片带状；花玫红色。
        15a 叶片长30～40cm；花显著两侧对称，顶端带蓝色 ·············· 32. 红蓝石蒜 L. haywardii
        15b 叶片长40～50cm；花稍辐射对称，顶端有时带蓝色 ·············· 39. 玫瑰石蒜 L. rosea
  9b 春季出叶；雄蕊短于花被片或近等长。
    16a 雄蕊与花被片近等长。
      17a 花黄色或橙黄色。
        18a 花蕾黄色具红色条纹，花橙黄色 ·············· 45. 秦岭石蒜 L. tsinlingensis
        18b 花黄色。
          19a 叶片长50～60cm；花被片腹面具红色条纹 ·············· 31. 广西石蒜 L. guangxiensis
          19b 叶片长30～40cm；花被片腹面无红色条纹 ·············· 30. 中国石蒜 L. chinensis
      17b 花蕾桃红色，开放时奶黄色，渐变为乳白色，花被片腹面散生粉红色条纹，背面具粉红色中肋 ·············· 25. 乳白石蒜 L. albiflora
    16b 雄蕊短于花被片。
      20a 花蕾桃红色，开放时奶黄色，渐变为乳白色，花被片腹面无粉红色条纹 ·············· 28. 短蕊石蒜 L. caldwellii
      20b 花蕾白色，具红色中肋，花后渐变为肉红色 ·············· 41. 陕西石蒜 L. shaanxiensis

25
乳白石蒜

Lycoris albiflora Koidz., Bot. Mag. (Tokyo) 38: 100. 1924.

杭州植物园栽培

自然分布

产安徽、江苏、浙江。生于阴湿山坡和溪沟边的石缝处。日本也有分布。

迁地栽培形态特征

多年生草本，具鳞茎。

鳞茎 卵球形，直径3～5cm，鳞茎皮褐色或黑褐色。

叶 春季出叶，叶片带状，长40～60cm，宽1.4～1.8cm，顶端锐尖，叶面黄绿色，背面浅黄绿色，中间淡色带明显。

花 花葶高60~70cm；总苞片2枚，披针形，长3.5~4.0cm，宽0.8~1cm；伞形花序有花7~9朵，花被片倒披针形，长6.5~7.5cm，宽1.1~1.5cm，稍具褶皱，反卷，花蕾时桃红色，开放时花色奶黄色，盛花时渐变为白色，腹面散生少数粉红色条纹，背面具红色中肋，花被筒长2.0~2.5cm；雄蕊与花被片近等长或略伸出，花丝上部和柱头均为红色。

果 蒴果圆柱形或近圆形，三棱状，绿色，不育。

引种信息

西双版纳热带植物园 登录号00,2018,1428，2018年引自杭州植物园；生长状态差。

杭州植物园 引种记录不详；生长长势良好。

南京中山植物园 登录号2004I-0303，2004年引自杭州植物园；生长长势良好。

物候

西双版纳热带植物园 生长期10月至翌年2月下旬；未见开花结果。

杭州植物园 2月上旬开始展叶，2月下旬至3月上旬进入展叶盛期，3月下旬展叶末期，4月下旬开始枯萎，5月中下旬完全枯萎；8月上旬现蕾期、始花期、盛花期，8月中旬花末期；10月中下旬果期。

南京中山植物园 现蕾期、始花期8月上旬，盛花期8月中旬至9月上旬；果熟期10月中旬。

迁地栽培要点

抗性强，耐干旱，忌水涝和全阴，适于长江中、下游地区栽培。繁殖以分球为主，也可组织培养繁殖。花期常发生蓟马、葱兰夜蛾和斜纹夜蛾危害。

主要用途

药用：鳞茎含石蒜碱，经氢化后有抗阿米巴痢疾的作用，为吐根的代用品，民间把鳞茎捣碎，敷治肿毒。

生产：鳞茎含有大量的淀粉，可作浆糊、浆布之用。

观赏：花姿典雅，为优良的观赏球宿根花卉。

鳞茎

叶片

花蕾

花初绽放时花色奶黄色

盛花时花渐变为白色

果实

26 安徽石蒜

Lycoris anhuiensis Y. Xu et G. J. Fan, Acta Phytotax. Sin. 20: 197. 1982.

自然分布

我国特有，产安徽和江苏。生于阴湿山坡和溪沟边的石缝处。

迁地栽培形态特征

多年生草本，具鳞茎。

鳞茎 卵形或椭圆形，直径3.5~5.0cm，鳞茎皮褐色或黑褐色。

叶 春季出叶，叶片带状，长50~70cm，宽2.4~3.3cm，顶端锐尖，叶面橄榄绿色，背面黄绿色，中间淡色带不明显。

花 花葶高60~70cm；总苞片2枚，披针形，长3.0~4.5cm，宽1.0~1.2cm；伞形花序有4~7朵花；花黄色，花被片倒披针形，长8~8.5cm，宽1.8~2.2cm，开展，轻度反卷，基部稍具褶皱，花被筒长3~3.5cm；雄蕊与花被片近等长，花丝黄色，柱头红色。

果 蒴果圆柱形或近圆形，具三棱，绿色，成熟后变黑褐色，室背开裂；种子近球形，有时具棱，黑色。

引种信息

杭州植物园 登录号14A08001，引自安徽滁州琅琊山；生长状态良好。

南京中山植物园 登录号2004I-0370，引种信息不详；生长状态良好。

物候

杭州植物园 2月上旬开始展叶，2月中下旬进入展叶盛期，3月中下旬展叶末期，4月下旬开始枯萎，5月中下旬完全枯萎；7月上旬现蕾期、始花期、盛花期，7月中旬末花期；果期10月中下旬。

南京中山植物园 现蕾期6月下旬，盛花期7月中旬至9月上旬；果熟期10月中上旬。

迁地栽培要点

抗性强，耐干旱，忌水涝和全阴，适于长江中下游地区栽培。繁殖以播种和分球为主，也可进行组织培养繁殖。花期常发生蓟马、葱兰夜蛾和斜纹夜蛾危害。

主要用途

观赏：花色明亮，花姿优美，为优良的夏季观赏球宿根花卉。

药用：鳞茎含石蒜碱，经氢化后有抗阿米巴痢疾的作用，为吐根的代用品，民间把鳞茎捣碎，敷治肿毒。

生产：鳞茎含有大量的淀粉，可作浆糊、浆布之用。

27 忽地笑

Lycoris aurea (L'Hér.) Herb., Bot. Mag. 47: t. 2113, p. 5. 1819.

杭州植物园栽培

自然分布

产福建、湖北、湖南、广东、广西、四川、云南和台湾。生于海拔500~2300m的阴湿山坡和溪沟边的石缝处。日本和缅甸也有分布。

迁地栽培形态特征

多年生草本，具鳞茎。

鳞茎 近球形，直径4~5cm，鳞茎皮褐色或黑褐色。

叶 秋季出叶，叶片剑形，长40~60cm，宽2.5~4.5cm，顶端渐尖，向基部渐狭，叶面灰绿色，背面橄榄绿色，中间淡色带明显。

花 花莛高50~60cm；总苞片2枚，披针形，长4~5cm，宽1.4~1.8cm；伞形花序有4~8朵花；花黄色，花被片倒披针形，长6~6.5cm，宽1~1.4cm，背面或具绿色中肋，强度褶皱和反卷，花被筒长1.2~1.5cm；雄蕊显著伸出于花被外，比花被片长约1/6，花丝黄色，柱头红色。

果 蒴果圆柱形或近圆形，通常具三棱，绿色，成熟后变黑褐色，室背开裂；种子近球形，有时具棱，黑色。

引种信息

西双版纳植物园 登录号00,2002,2430，2002年引自云南澜沧；生长状态良好。

华南植物园 引种信息不详；生长状态良好。

厦门市园林植物园 登录号2008267，2008年引自南京植物园；生长状态良好。

桂林植物园 引种号h-188，2012年引自广西桂林寿城村；生长状态良好。

杭州植物园 登录号11A08001，2011年引种自湖南怀化；生长状态良好。

海医大药植园 登录号xx000212，引种信息不详；生长状态良好。

南京中山植物园 登录号2019I557，2019年引自福建顺昌；生长状态良好。

物候

华南植物园 10月中下旬萌发新叶，翌年5月下旬至6月地上部分枯萎，6月下旬至9月中旬休眠期；9月上旬现蕾期，9月中旬始花期，9月中下旬至10月中旬盛花期，10月下旬花末期；未观察到果实。

厦门市园林植物园 盆栽，5~8月休眠期，9月中下旬开始萌动展新叶；未见开花结果。

桂林植物园 4~8月休眠期，9月上旬始花期，9月中旬至10月中旬盛花期；未见结果。

杭州植物园 10月中下旬开始展叶，11月上旬进入展叶盛期，12月中下旬展叶末期，3月中下旬开始枯萎，5月中上旬完全枯萎；9月中下旬现蕾期、始花期、盛花期，10月上旬花末期；果期10月中下旬。

海医大药植园 10月中下旬开始展叶，11月上旬进入展叶盛期，12月中下旬展叶末期，3月中下旬开始枯萎，5月中上旬完全枯萎；9月中上旬现蕾期、始花期、盛花期，10月上旬花末期；果期10月中下旬。

南京中山植物园 7月上旬现蕾期，7月中旬始花期，7月下旬至9月中旬盛花期；果熟期10月上旬至中旬。

迁地栽培要点

抗性强，耐干旱，适于疏林或林下、林缘栽培，忌水涝和全阴，适于长江以南地区栽培。繁殖以播种和分球为主，也可组织培养繁殖。花期常发生蓟马、葱兰夜蛾和斜纹夜蛾危害。

主要用途

观赏：花色明亮、艳丽，为优良的夏季观赏球宿根花卉。

药用：全草入药，具有祛痰、催吐、消肿止痛、利尿的功效，治疗小儿麻痹后遗症。

中国迁地栽培植物志·石蒜科·石蒜属

杭州植物园林缘密植　　杭州植物园疏林下密植
鳞茎　　叶片
花　　花序
　　果实

28 短蕊石蒜

Lycoris caldwellii Traub, Pl. Life 13: 46. 1957.

杭州植物园栽培

自然分布

我国特有，产于安徽、江苏和浙江。生于阴湿山坡和溪沟边的石缝处。

迁地栽培形态特征

多年生草本，具鳞茎。

鳞茎 近球形，直径4~5cm，鳞茎皮褐色或黑褐色。

叶 春季出叶，叶片带状，长40~60cm，宽1.8~2.6cm，顶端圆钝，叶面橄榄绿色，背面黄绿色，中间淡色带明显。

花 花葶高50~60cm；总苞片2枚，披针形，长4cm，宽1.2~1.4cm；伞形花序有4~6朵花，花被片倒披针形，长6~8cm，宽1.2~1.3cm，轻度褶皱和反卷，花蕾桃红色，开放时乳黄色，盛花期渐变为乳白色；花被筒长2~3cm；雄蕊短于花被，花丝淡黄色，柱头红色。

果 蒴果圆柱形或近圆形，三棱状，绿色，不育。

引种信息

杭州植物园　引种信息不详；生长状态良好。

海医大药植园　登录号xx000853，引种信息不详；生长状态良好。

南京中山植物园　登录号2004I-0304，2004年引自湖南森林植物园；生长状态良好。

物候

杭州植物园　2月中旬开始展叶，3月中旬进入展叶盛期，3月下旬展叶末期，4月中下旬开始枯萎，5月中下旬完全枯萎；9月上旬现蕾期、始花期、盛花期，10月上旬花末期；10月中下旬果期。

海医大药植园　2月中旬开始展叶，3月中旬进入展叶盛期，3月下旬展叶末期，4月中下旬开始枯萎，5月中下旬完全枯萎；9月上旬现蕾期、始花期、盛花期，10月上旬花末期；10月中下旬果期。

南京中山植物园　抽葶期8月上旬，现蕾期8月中旬，盛花期8月下旬至9月上旬；果熟期10月。

迁地栽培要点

适于疏林下或林缘栽培，抗性强，耐干旱，忌水涝和全阴，适于长江中下游地区栽培。繁殖以分球为主，也可组织培养繁殖。花期常发生蓟马、葱兰夜蛾和斜纹夜蛾危害。

主要用途

药用：鳞茎含石蒜碱，经氢化后有抗阿米巴痢疾的作用，为吐根的代用品，民间把鳞茎捣碎，敷治肿毒。

生产：鳞茎含有大量的淀粉，可作浆糊、浆布之用。

观赏：本种花蕾桃红色，初开放时黄色，后乳白色，色彩变幻丰富，为优良的夏季观赏球宿根花卉。

海医大药植园栽培

鳞茎　叶片　花序　果实

29 济州石蒜

Lycoris chejuensis K. H. Tae et S. C. Ko, Korean J. Pl. Taxon. 23: 234. 1993.

自然分布

原产韩国济州岛。我国部分植物园有栽培。

迁地栽培形态特征

多年生草本，具鳞茎。

鳞茎 近球形，直径2.5~3.0cm，鳞茎皮褐色或黑褐色。

叶 春季出叶，叶片带状，长40~50cm，宽1.5~2cm，顶端锐尖，叶面黄绿色，叶背浅黄绿色，中间淡色带明显。

花 花葶高50~60cm；总苞片2枚，披针形，长4~4.5cm，宽1.5~1.7cm；伞形花序有4~8花朵，花被片倒披针形，长6~6.5cm，宽1~1.2cm，轻度反卷，基部微褶皱，花蕾期红色，开放后为橙红色；花被筒长1.5~2cm；雄蕊略微伸出于花被外，花丝和柱头均为橙红色。

果 蒴果圆柱形或近圆形，通常具三棱，绿色，不育。

引种信息

杭州植物园 登录号14A06001，2014年引自日本千叶大学；生长状态良好。

物候

杭州植物园 2月下旬开始展叶，3月中旬进入展叶盛期，4月初展叶末期，5月初开始枯萎，5月中旬完全枯萎；8月中下旬现蕾期、始花期、盛花期，9月上旬花末期；10月中下旬果期。

迁地栽培要点

抗性强，耐干旱，忌水涝和全阴，适于长江中下游地区栽培。繁殖以分球为主，也可进行组织培养繁殖。花期常发生蓟马、葱兰夜蛾和斜纹夜蛾危害。

主要用途

药用：鳞茎含石蒜碱，经氢化后有抗阿米巴痢疾的作用，为吐根的代用品，民间把鳞茎捣碎，敷治肿毒。

生产：鳞茎含有大量的淀粉，可作浆糊、浆布之用。

观赏：花色美丽，姿态大方，为优良的夏季观赏球宿根花卉。

中国迁地栽培植物志·石蒜科·石蒜属

30

中国石蒜

Lycoris chinensis Traub, Pl. Life 14: 44. 1958.

杭州植物园疏林下密植

自然分布

我国特有，产于河南、安徽、江苏、浙江、湖北、湖南、陕西、贵州。生于阴湿山坡和溪沟边的石缝处。

迁地栽培形态特征

多年生草本，具鳞茎。

鳞茎 卵球形，直径3～5cm，鳞茎皮褐色或黑褐色。

叶 春季出叶，叶片带状，长30～40cm，宽1.2～1.7cm，顶端圆钝，叶面灰绿色，背面黄绿色，中间淡色带明显。

🌸 花莛高50~60cm；总苞片2枚，披针形，长2.5~4cm，宽0.8~1cm；伞形花序有5~6朵花；花黄色，花被片倒披针形，长6~7cm，宽1~1.2cm，强度褶皱和反卷，背面具淡黄色中肋，花被筒长1.7~2.5cm；雄蕊与花被片近等长或略伸出花被外，花丝黄色，柱头红色。

🍎 蒴果圆柱形或近圆形，通常具三棱，绿色，成熟后变为黑褐色，室背开裂；种子近球形，有时具棱，黑色。

引种信息

厦门市园林植物园 登录号2008269，2008年引自南京植物园；生长状态一般。

杭州植物园 登录号14A08002，2014年引自安徽滁州琅琊山；生长状态良好。

南京中山植物园 登录号2016I0033，2016年引自南京市老山森林公园；生长状态良好。

物候

厦门市园林植物园 盆栽，5月下旬至8月休眠，9月中上旬开始展新叶；未见开花结果。

杭州植物园 2月上旬开始展叶，2月中下旬进入展叶盛期，3月中下旬展叶末期，4月下旬开始枯萎，5月中下旬完全枯萎；7上旬现蕾期、始花期、盛花期，7月中旬花末期；10月中下旬果期。

南京中山植物园 抽莛期、现蕾期7月上旬，盛花期7月中旬至9月中旬；果熟期10月中旬。

迁地栽培要点

抗性强，耐干旱，忌水涝和全阴，适于黄河以南地区栽培。繁殖以播种和分球为主，也可通过组织培养繁殖。花期常发生蓟马、葱兰夜蛾和斜纹夜蛾危害。

主要用途

药用：鳞茎含石蒜碱，经氢化后有抗阿米巴痢疾的作用，为吐根的代用品，民间把鳞茎捣碎，敷治肿毒。

生产：鳞茎含有大量的淀粉，可作浆糊、浆布之用。

观赏：花色淡雅，为优良的夏季观赏球宿根花卉。

杭州植物园岩石边丛植

2月下旬展叶期

31 广西石蒜

Lycoris guangxiensis Y. Xu et G. J. Fan, Acta Phytotax. Sin. 20: 196. 1982.

自然分布

我国特有，产广西。生于阴湿山坡和杂木林中。

迁地栽培形态特征

多年生草本，具鳞茎。

鳞茎 椭圆形，直径3~4cm，鳞茎皮褐色或黑褐色。

叶 春季出叶，叶片带状，长50~60cm，宽1.4~1.8cm，顶端圆钝，叶面橄榄绿色，背面黄绿色，中间淡色带明显。

花 花葶高约50cm；总苞片2枚，披针形，长4.5~5.5cm，宽约1.5cm；伞形花序有花4~6（7）朵，花被片倒披针形，长6~7cm，宽1.1~1.3cm，边缘微褶皱，顶端轻度反卷，腹面具红色条纹，花蕾期黄色，具红色条纹，开花时黄色；花被筒长2.5~3cm；雄蕊与花被片近等长，花丝黄色，柱头红色。

果 蒴果圆柱形或近圆形，通常具三棱，绿色，不育。

引种信息

杭州植物园 引种信息不详；生长状态良好。

南京中山植物园 登录号2004I-0301，2004年引自广西桂林；生长状态良好。

物候

杭州植物园 2月下旬开始展叶，3月中旬进入展叶盛期，3月下旬展叶末期，4月中下旬开始枯萎，5月中下旬完全枯萎；8月中下旬现蕾期、始花期、盛花期，8月下旬花末期；果期10月中下旬。

迁地栽培要点

抗性强，耐干旱，忌水涝和全阴，适于长江以南地区栽培。繁殖以分球为主，也可进行组织培养繁殖。花期常发生蓟马、葱兰夜蛾和斜纹夜蛾危害。

主要用途

药用：鳞茎含石蒜碱，经氢化后有抗阿米巴痢疾的作用，为吐根的代用品，民间把鳞茎捣碎，敷治肿毒。

生产：鳞茎含有大量的淀粉，可作浆糊、浆布之用。

观赏：花色艳丽，蕾期具红色条纹，为优良的夏季观赏球宿根花卉。

中国迁地栽培植物志·石蒜科·石蒜属

杭州植物园栽培

鳞茎　　花蕾　　花序　　花

花侧面　　果实

128

32
红蓝石蒜

Lycoris haywardii Traub, Pl. Life 13: 44. 1957.

自然分布

我国特有,产浙江,生于田间杂草中;该种也可以通过人工杂交获得,栽培于杭州植物园和南京植物园。

迁地栽培形态特征

多年生草本,具鳞茎。

鳞茎 卵球形,直径3~4cm,鳞茎皮褐色或黑褐色。

叶 秋季出叶,叶片带状,长30~40cm,宽0.7~1.3cm,顶端锐尖,叶面灰绿色,背面橄榄绿色,中间淡色带明显。

花 花莛高40~60cm;总苞片2枚,披针形,长3~3.5cm,宽0.8~1.2cm;伞形花序有花4~6(7,9)朵,花紫红色,顶端蓝色;花被片倒披针形,长4.5~5.5cm,宽1.1~1.4cm,基部微褶皱,顶端中度反卷,花被筒长1.0~1.3cm;雄蕊略伸出于花被外,花丝和柱头均为红色。

果 蒴果圆柱形或近圆形,通常具三棱,绿色,成熟后变为黑褐色,室背开裂;种子近球形,有时具棱,黑色。

引种信息

杭州植物园 人工杂交获得;生长状态良好。

南京植物园 登录号2004I-0313,2004年引自杭州植物园;生长状态良好。

物候

杭州植物园 10月中下旬开始展叶,11月上旬进入展叶盛期,12月中下旬展叶末期,3月中下旬开始枯萎,5月中上旬完全枯萎;8月上旬现蕾期、始花期、盛花期,8月中旬花末期;10月中下旬果期。

迁地栽培要点

抗性强,耐干旱,忌水涝和全阴,适于长江中下游地区栽培。繁殖以播种和分球为主,也可进行组织培养繁殖。花期常发生蓟马、葱兰夜蛾和斜纹夜蛾危害。

主要用途

药用:鳞茎含石蒜碱,经氢化后有抗阿米巴痢疾的作用,为吐根的代用品,民间把鳞茎捣碎,敷治肿毒。

生产:鳞茎含有大量的淀粉,可作浆糊、浆布之用。

观赏:花色艳丽,红蓝尽染,为优良的夏季观赏球宿根花卉。

中国迁地栽培植物志·石蒜科·石蒜属

杭州植物园林缘密植

杭州植物园全光照密植

鳞茎

叶片

花蕾

花

果实

33 江苏石蒜

Lycoris houdyshelii Traub, Pl. Life 13: 45. 1957.

自然分布

我国特有，产于江苏和浙江。生于阴湿山坡和溪沟边的石缝处。

迁地栽培形态特征

多年生草本，具鳞茎。

鳞茎 近球形，直径3~4cm，鳞茎皮褐色或黑褐色。

叶 秋季出叶，叶带状，长35~45cm，宽0.8~1.2cm，顶端锐尖，叶面灰绿色，叶背黄绿色，中间淡色带明显。

花 花莛高50~55cm；总苞片2枚，披针形，长3.5~4.5cm，宽0.7~1cm；伞形花序有花4~6（8）朵，花白色；花被片倒披针形，背面有绿色中肋，长6~7cm，宽0.7~0.9cm，强度褶皱和反卷，花被筒长1.2~1.5cm；雄蕊显著伸出于花被外，比花被片长约1/3，花丝白色，柱头红色。

果 蒴果圆柱形或近圆形，三棱状，绿色，不育。

引种信息

杭州植物园 引种信息不详；生长状态良好。

南京中山植物园 登录号2019I605，2019年引自安徽霍山；生长状态良好。

物候

杭州植物园 10月中下旬开始展叶，11月上旬进入展叶盛期，12月上旬展叶末期，3月下旬开始枯萎，5月中上旬完全枯萎；7月中旬现蕾期、始花期、盛花期，7月下旬花末期；10月中下旬果期。

南京中山植物园 抽莛期7月下旬，8月上旬现蕾期，8月中旬盛花期，8月下旬末花期；9月下旬果熟期；10月上旬叶片萌发，翌年5月叶片枯萎期。

迁地栽培要点

抗性强，耐干旱，忌水涝和全阴，适于长江中下游地区栽培。繁殖以分球为主，也可进行组织培养繁殖。花期常发生蓟马、葱兰夜蛾和斜纹夜蛾危害。

主要用途

药用：鳞茎含石蒜碱，经氢化后有抗阿米巴痢疾的作用，为吐根的代用品，民间把鳞茎捣碎，敷治肿毒。

生产：鳞茎含有大量的淀粉，可作浆糊、浆布之用。

观赏：花色白绿相映，淡雅清新，为优良的夏季观赏球宿根花卉。

34 湖北石蒜

Lycoris hubeiensis Kun Liu, Nordic J. Bot. 36-e01780: 4 (2018).

杭州园栽培－全光照丛植

自然分布

我国特有,产湖北宜昌。生于阴湿山坡和溪沟边的石缝处。

迁地栽培形态特征

多年生草本,具鳞茎。

鳞茎 卵球形,直径3~4cm,鳞茎皮褐色或黑褐色。

叶 秋季出叶,叶带状,长45~70cm,宽1.1~1.4cm,顶端锐尖,叶面橄榄绿色,背面黄绿色,中间淡色带不明显。

花 花葶高约60cm;总苞片2枚,披针形,长4~5cm,宽0.8~1.0cm;伞形花序有花6~8朵,花鲜红色；花被片倒披针形，长5.5~6cm，宽1~1.1cm，边缘中度褶皱，顶端重度反卷，花被筒长0.7~1.0cm；雄蕊显著伸出花被片外，花丝鲜红色，柱头紫红色。

果 蒴果圆柱形或近圆形，三棱状，绿色，不育。

引种信息

杭州植物园 登录号17A09001，2017年引自湖北宜昌；生长状态良好。

物候

杭州植物园 9月下旬开始展叶，11月中上旬进入展叶盛期，11月下旬展叶末期，翌年4月中下旬开始枯萎，翌年5月中上旬完全枯萎；8月中下旬现蕾、始花、盛花，9月初末花期；10月中下旬果期。

迁地栽培要点

抗性强，耐干旱，忌水涝和全阴，适于长江中下游地区栽培。繁殖以分球为主，也可进行组织培养繁殖。花期常发生蓟马、葱兰夜蛾和斜纹夜蛾危害。

主要用途

药用：鳞茎含石蒜碱，经氢化后有抗阿米巴痢疾的作用，为吐根的代用品，民间把鳞茎捣碎，敷治肿毒。

生产：鳞茎含有大量的淀粉，可作浆糊、浆布之用。

观赏：花色艳丽，为优良的夏季观赏球宿根花卉。

35 香石蒜

Lycoris incarnata Comes ex Sprenger, Gartenwelt 10: 490. 1906.

自然分布

我国特有，产于安徽、湖北、云南。生于阴湿山坡处。

迁地栽培形态特征

多年生草本，具鳞茎。

鳞茎 卵球形，直径3~5cm，鳞茎皮褐色或黑褐色。

叶 春季出叶，叶片带状，长50~70cm，宽1.6~2.4cm，顶端圆钝，叶面橄榄绿色，背面黄绿色，中间淡色带不明显。

花 花葶高50~60cm；总苞片2枚，披针形，长3.5~4.0cm，宽1.3~1.5cm；伞形花序有花4~8朵，花被片倒披针形，长6~6.5cm，宽1.4~1.6cm，边缘不褶皱，顶端轻度反卷，腹面具红色条纹，花蕾白色，具红色中肋，开放时紫红色，后期紫红色加深；花被筒长2.0cm；雄蕊与花被片近等长，花丝紫红色，柱头红色。

果 蒴果圆柱形或近圆形，三棱状，绿色，不育。

引种信息

西双版纳植物园 登录号00,2018,1432，2018年引自杭州植物园；生长状态较差。

杭州植物园 登录号17A08001，引自湖北随州；生长状态良好。

南京中山植物园 登录号2019I576，引自湖北利川毛坝镇；生长状态良好。

物候

西双版纳植物园 生长期10月下旬至翌年2月下旬；未见开花结果。

杭州植物园 2月上旬开始展叶，2月下旬展叶盛期，3月中旬展叶末期，4月中下旬开始枯萎，5月中下旬完全枯萎；8月中旬现蕾期、始花期、盛花期，8月下旬花末期；果期10月中下旬。

南京中山植物园 8月中上旬盛花期；果期10月上旬。

迁地栽培要点

抗性强，耐干旱，忌水涝和全阴，适于长江以南地区栽培。繁殖以分球为主，也可进行组织培养繁殖。花期常发生蓟马、葱兰夜蛾和斜纹夜蛾危害。

主要用途

药用：鳞茎含有石蒜碱，经氢化后有抗阿米巴痢疾的作用，为吐根的代用品。民间把鳞茎捣碎，敷治肿毒。

生产：鳞茎含有大量的淀粉，可作浆糊、浆布之用。

观赏：粉白相间，花色渐变，观赏性强，为优良的夏季观赏球宿根花卉。

杭州植物园栽培-林缘密植　　杭州植物园栽培-光照密植

鳞茎　　叶片　　花蕾

花初绽放时紫红色

花绽放后期紫红色加深　　果实

36
长筒石蒜

Lycoris longituba var. *longituba* Y. Hsu et G. J. Fan, Acta Phytotax. Sin. 12: 299. 1974.

自然分布

我国特有，产安徽和江苏。生于阴湿山坡和溪沟边的石缝处。

迁地栽培形态特征

多年生草本，具鳞茎。

鳞茎 卵球形，直径4～6cm，鳞茎皮褐色或黑褐色。

叶 春季出叶，叶片带状，长50～70cm，宽2～4cm，顶端圆钝，叶面橄榄绿色，背面黄绿色，中间淡色带不明显。

花 花葶高60～80cm；总苞片2枚，披针形，长4～5cm，宽1.5～1.8cm；伞形花序有5～7朵花，花白色或粉色；花被片倒披针形，长6～8cm，宽1.5～2.5cm，边缘不褶皱或基部微褶皱，顶端轻度反卷，腹面或有红色条纹，花被筒长4～6cm；雄蕊略短于花被片，花丝白色或红色，柱头红色。

果 蒴果圆柱形或近圆形，通常具三棱，绿色，成熟后变为黑褐色，室背开裂；种子近球形，有时具棱，黑色。

引种信息

西双版纳植物园 登录号00,2018,1430，2018年引自杭州植物园；生长状态差。

厦门市园林植物园 登录号2012037，2012年引自江苏南京；生长状态良好。

杭州植物园 登录号14A08003，引自安徽滁州琅琊山；生长状态良好。

南京中山植物园 登录号2019I588，2019年引自安徽金寨马鬃岭；生长状态良好。

物候

西双版纳植物园 生长期10月至翌年2月下旬；未见开花结果。

厦门市园林植物园 盆栽，5～8月休眠期，9月中下旬开始萌动展新叶；未见开花结果。

杭州植物园 1月中下旬开始展叶，2月中旬展叶盛期，3月中下旬展叶末期，4月中下旬开始枯萎，5月中下旬完全枯萎；7月上旬现蕾期、始花期、盛花期，7月中旬花末期；果期10月中下旬。

南京中山植物园 8月上旬抽出花葶，8月中上旬现蕾期，8月中旬至9月上旬盛花期，9月中上旬末花期；果期10月中旬。

迁地栽培要点

抗性强，耐干旱，忌水涝和全阴，适于长江中下游地区栽培。繁殖以播种和分球为主，也可进行组织培养繁殖。花期常发生蓟马、葱兰夜蛾和斜纹夜蛾危害。

主要用途

药用：鳞茎含有石蒜碱，经氢化后有抗阿米巴痢疾的作用，为吐根的代用品；民间把鳞茎捣碎，敷治肿毒。

生产：鳞茎含有大量的淀粉，可作浆糊、浆布之用。

观赏：花清新美丽，观赏性强，为优良的夏季观赏球宿根花卉。

杭州植物园栽培

37
黄长筒石蒜

Lycoris longituba var. *flava* Y. Hsu et X. L. Huang, Acta Phytotax. Sin. 20: 198. 1982.

杭州植物园栽培

自然分布

我国特有，产安徽和江苏。生于阴湿山坡和溪沟边的石缝处。

迁地栽培形态特征

本变种与原变种长筒石蒜（*Lycoris longituba* var. *longituba*）的区别在于花被片为黄色。

引种信息

杭州植物园　　登录号14A08004，引自安徽滁州琅琊山；生长状态良好。

南京中山植物园　　登录号2004I-0311，引自江苏句容九华山；生长状态良好。

物候

杭州植物园　　1月中下旬开始展叶，2月中旬展叶盛期，3月中下旬展叶末期，4月中下旬开始枯萎，5月中下旬完全枯萎；7月中旬现蕾期、始花期、盛花期，7月下旬花末期；果期10月中下旬。

南京中山植物园　7月上旬抽出花莛,始花期7月中旬,盛花期7月下旬至9月上旬;果期10月中下旬。

迁地栽培要点

抗性强,耐干旱,忌水涝和全阴,适于长江中下游地区栽培。繁殖以播种和分球为主,也可进行组织培养繁殖。花期常发生蓟马、葱兰夜蛾和斜纹夜蛾危害。

主要用途

药用:鳞茎含有石蒜碱,经氢化后有抗阿米巴痢疾的作用,为吐根的代用品;民间把鳞茎捣碎,敷治肿毒。

生产:鳞茎含有大量的淀粉,可作浆糊、浆布之用。

观赏:花色明亮、鲜艳,观赏性强,为优良的夏季观赏球宿根花卉。

鳞茎

花蕾初绽

花序和花

果实

38
石蒜

Lycoris radiata (L'Hér.) Herb., Bot. Mag. 47: t. 2113, p. 5. 1819.

自然分布

产山东、河南、安徽、江苏、浙江、江西、福建、湖北、湖南、广东、广西、陕西、四川、贵州、云南。生于海拔1000m以下的阴湿山坡和溪沟边的石缝处。日本也有分布。

迁地栽培形态特征

多年生草本，具鳞茎。

鳞茎 近球形，直径1~3cm，鳞茎皮褐色或黑褐色。

叶 秋季出叶，叶片狭带状，长30~50cm，宽0.5~1.0cm，顶端锐尖，叶面灰绿色，背面橄榄绿色，中间淡色带明显。

花 花葶高40~50cm；总苞片2枚，披针形，长2.5~4.0cm，宽0.5~0.7cm；伞形花序有花4~7朵；花红色，花被片狭倒披针形，长4~4.5cm，宽0.5~0.7cm，强度褶皱和反卷，背面具绿色中肋，花被筒长0.5cm；雄蕊显著伸出于花被外，比花被片长1倍左右，花丝和柱头均为鲜红色。

果 蒴果圆柱形或近圆形，通常具三棱，绿色，成熟后变为黑褐色，室背开裂；种子近球形，有时具棱，黑色。

引种信息

西双版纳植物园 登录号00,2000,0458，2000年引自云南昆明；生长状态良好。
华南植物园 登录号20171200，引自杭州植物园；生长状态良好。
厦门市园林植物园 登录号2012030，2012年引自江苏南京；生长状态良好。
桂林植物园 引种信息不详；生长状态良好。
杭州植物园 登录号14A08005，引自安徽滁州琅琊山；生长状态良好。
海医大药植园 登录号xx000482，引种信息不详；生长状态良好。
南京中山植物园 登录号89S52-757，引自江苏句容；生长状态良好。

物候

华南植物园 花期9月下旬至10月下旬，花量少，盛花期不明显；未观察到果实；10月中下旬萌发新叶，翌年5月下旬至6月中旬地上部分渐枯萎，6月下旬至9月中旬休眠期。

厦门市园林植物园 盆栽，8月下旬至9月上旬抽出花葶，9月中上旬始花期，9月中下旬盛花期，10月上旬花末期；10月果熟期。

桂林植物园 盛花期8月上旬至9月上旬；未观察到果实。

杭州植物园 10月中下旬开始展叶，11月上旬展叶盛期，12月中下旬展叶末期，3月中下旬开始枯萎，5月中上旬完全枯萎；9月中下旬现蕾期、始花期、盛花期，10月上旬花末期；10月中下旬果期。

海医大药植园 10月中旬开始展叶，11月上旬展叶盛期，12月中下旬展叶末期，5月中上旬完全枯萎；9月中上旬现蕾期、始花期、盛花期，10月上旬花末期；10月中下旬果期。

迁地栽培要点

抗性强，耐干旱，忌水涝和全阴，适于黄河以南地区栽培。繁殖以播种和分球为主，也可进行组织培养繁殖。花期常发生蓟马、葱兰夜蛾和斜纹夜蛾危害。

主要用途

观赏：花色艳丽，姿态大方，为优良的观赏球宿根花卉。

药用：鳞茎可解毒、祛痰、利尿、催吐、杀虫，但有小毒；主治咽喉肿痛、痈肿疮毒、瘰疬、肾炎水肿、毒蛇咬伤等；石蒜碱具一定抗癌活性，能抗炎、解热、镇静及催吐；加兰他敏和力可拉敏为治疗小儿麻痹症的要药。

始花期

花序和花

果实

39 玫瑰石蒜

Lycoris rosea Traub et Moldenke, Tribe Amarylleae 178. 1949.

自然分布

我国特有，产江苏和浙江。生于阴湿山坡和溪沟边的石缝处。

迁地栽培形态特征

多年生草本，具鳞茎。

鳞茎 近球形，直径2.5~3.0cm，鳞茎皮褐色或黑褐色。

叶 秋季出叶，叶带状，长40~50cm，宽1.2~1.5cm，顶端锐尖，叶面灰绿色，叶背橄榄绿色，中间淡色带明显。

花 花葶高40~50cm；总苞片2枚，披针形，长3.5~4.5cm，宽0.8~1cm；伞形花序有花4~6朵，花玫红色；花被片倒披针形，长4.5~5.5cm，宽0.8~1cm，中度褶皱和反卷，花被筒长0.8~1.0cm；雄蕊显著伸出于花被外，比花被长1/6左右，花丝和柱头均为红色。

果 蒴果圆柱形或近圆形，通常具三棱，绿色，成熟后变为黑褐色，室背开裂；种子近球形，有时具棱，黑色。

引种信息

西双版纳植物园 登录号00,2018,1431，2018年引自杭州植物园；生长状态差。

杭州植物园 引种信息不详；生长状态良好。

南京中山植物园 登录号2019I578，2019年引自江苏南京江宁区；生长状态良好。

物候

西双版纳植物园 生长期10月至翌年2月下旬；为见开花结果。

杭州植物园 10月中下旬开始展叶，11月上旬展叶盛期，12月中下旬展叶末期，3月中下旬开始枯萎，5月中上旬完全枯萎；8月上旬现蕾期、始花期、盛花期，8月下旬花末期；10月中下旬果熟期。

南京中山植物园 7月中旬抽出花葶，7月下旬现蕾期，8月上旬始花期，8月中下旬盛花期；9月下旬果熟期。

迁地栽培要点

抗性强，耐干旱，忌水涝和全阴，适于长江中下游地区栽培。繁殖以播种和分球为主，也可进行组织培养繁殖。花期常发生蓟马、葱兰夜蛾和斜纹夜蛾危害。

主要用途

药用：鳞茎含有石蒜碱，经氢化后有抗阿米巴痢疾的作用，为吐根的代用品；民间把鳞茎捣碎，敷治肿毒。

生产：鳞茎含有大量的淀粉，可作浆糊、浆布之用。

观赏：花色艳丽，观赏性强，为优良的夏季观赏球宿根花卉。

华南植物园栽培-草地丛植

鳞茎　叶片　花蕾　花序　花　果实

40 血红石蒜

Lycoris sanguinea Maxim., Bot. Jahrb. Syst. 6: 80. 1885.

杭州植物园栽培

自然分布

原产日本。我国部分植物园有栽培。

迁地栽培形态特征

多年生草本，具鳞茎。

鳞茎 近球形，直径2~3cm，鳞茎皮褐色或黑褐色。

叶 春季出叶，叶片带状，长30~40cm，宽1.0~1.3cm，顶端锐尖，叶面橄榄绿色，背面浅橄榄绿色，中间淡色带不明显。

花 花葶高20~30cm；总苞片2枚，披针形，长3~3.5cm，宽0.7~0.9cm；伞形花序有4~6朵花；花橙红色，花被片倒披针形，长3.5~4.5cm，宽0.8~1cm，边缘不褶皱，顶端轻度反卷，花被筒长1~1.5cm；雄蕊略短于花被片，花丝和柱头均为红色。

果 蒴果圆柱形或近圆形，通常具三棱，绿色，成熟后变为黑褐色，室背开裂；种子近球形，有时具棱，黑色。

引种信息

  杭州植物园 登录号14A06002，2014年引自日本千叶大学；生长状态良好。

物候

  杭州植物园 3月上旬开始展叶，3月中下旬展叶盛期，3月下旬展叶末期，4月中下旬开始枯萎，5月中下旬完全枯萎；8月中上旬现蕾期、始花期、盛花期，8月中下旬花末期；果期10月中下旬。

迁地栽培要点

  抗性强，耐干旱，忌水涝和全阴，适于长江流域地区栽培。繁殖以播种和分球为主，也可进行组织培养繁殖。花期常发生蓟马、葱兰夜蛾和斜纹夜蛾危害。

主要用途

  药用：鳞茎含有石蒜碱，经氢化后有抗阿米巴痢疾的作用，为吐根的代用品；民间把鳞茎捣碎，敷治肿毒。

  生产：鳞茎含有大量的淀粉，可作浆糊、浆布之用。

  观赏：花色独特，观赏性强，为优良的夏季观赏球宿根花卉。

41 陕西石蒜

Lycoris shaanxiensis Y. Xu et Z. B. Hu, Acta Phytotax. Sin. 20: 196. 1982.

自然分布

我国特有,产陕西、四川和甘肃。生于阴湿山坡和溪沟边的石缝处。

迁地栽培形态特征

多年生草本,具鳞茎。

鳞茎 近球形,直径3~5cm,鳞茎皮褐色或黑褐色。

叶 春季出叶,叶片带状,长40~50cm,宽1.3~1.8cm,顶端圆钝,叶面橄榄绿色,背面黄绿色,中间淡色带不明显。

花 花葶高40~50cm;总苞片2枚,披针形,长4.5~5.5cm,宽1.3~1.5cm;伞形花序有4~6朵花;花白色,花被片倒披针形,长6.5~7.5cm,宽1.2~1.5cm,基部微褶皱,顶端轻度反卷,腹面散生红色条纹,背面具红色中肋;花被筒长1.5~2cm;雄蕊略短于花被片,花丝粉红色,柱头红色。

果 蒴果圆柱形或近圆形,三棱状,绿色,不育。

引种信息

杭州植物园 登录号15A07001，2015年引自陕西西安；生长状态良好。

南京中山植物园 登录号2019I575，2019年引自陕西太白黄柏塬高山草甸；生长状态良好。

物候

杭州植物园 2月上旬开始展叶，3月上旬展叶盛期，3月下旬展叶末期，4月中下旬开始枯萎，5月中下旬完全枯萎；7月中上旬现蕾期、始花期、盛花期，7月下旬花末期；10月中下旬果期。

南京中山植物园 7月上旬抽出花葶、现蕾期，7月中下旬盛花期，7月下旬花末期。

迁地栽培要点

抗性强，耐干旱，忌水涝和全阴，适于长江流域地区栽培。繁殖以分球为主，也可进行组织培养繁殖。花期常发生蓟马、葱兰夜蛾和斜纹夜蛾危害。

主要用途

药用：鳞茎含有石蒜碱，经氢化后有抗阿米巴痢疾的作用，为吐根的代用品；民间把鳞茎捣碎，敷治肿毒。

鳞茎：含有大量的淀粉，可作浆糊、浆布之用。

观赏：粉白相间，花色渐变，观赏性强，为优良的夏季观赏球宿根花卉。

鳞茎 / 叶片

花蕾1

花蕾2

中国迁地栽培植物志·石蒜科·石蒜属

花序

花

果实

42 换锦花

Lycoris sprengeri Comes ex Baker, Gard. Chron., ser. 3, 32: 469. 1902.

自然分布

我国特有，产安徽、江苏、浙江、湖北、上海。生于海拔100m阴湿山坡、溪沟边的石缝处和竹林中。

迁地栽培形态特征

多年生草本，具鳞茎。

鳞茎 近球形，直径3~4cm，鳞茎皮褐色或黑褐色。

叶 春季出叶，叶带状，长40~50cm，宽1.2~1.5cm，顶端锐尖，叶面橄榄绿色，叶背黄绿色，中间淡色带不明显。

花 花葶高40~50cm；总苞片2枚，披针形，长3~3.5cm，宽0.8~1.2cm；伞形花序有花4~6朵，花紫红色；花被片倒披针形，顶端蓝色，长4.5~7.0cm，宽1~1.2cm，边缘不褶皱，顶端轻度反卷，花被筒长1~1.5cm；雄蕊略短于花被片，花丝和柱头均为紫红色。

果 蒴果圆柱形或近圆形，通常具三棱，绿色，成熟后变为黑褐色，室背开裂；种子近球形，有时具棱，黑色。

引种信息

杭州植物园 登录号13A07004，2013年引自浙江台州；生长状态良好。

海医大药植园 登录号xx000348，引种信息不详；生长状态良好。

南京中山植物园 登录号2019I603，2019年引自浙江宁波姜山镇；生长状态良好。

物候

杭州植物园 1月下旬开始展叶，2月中旬进入展叶盛期，2月下旬展叶末期，4月中下旬开始枯萎，5月中下旬完全枯萎；8月上旬现蕾期、始花期、盛花期，8月中旬花末期；10月中下旬果期。

海医大药植园 1月下旬开始展叶，2月中旬进入展叶盛期，2月下旬展叶末期，4月中下旬开始枯萎，5月中下旬完全枯萎；7月下旬现蕾期、始花期、盛花期，9月上旬花末期；10月下旬果期。

南京中山植物园 抽葶期7月上旬，现蕾期、始花期7月中旬，盛花期7月下旬至8月下旬；果熟期10月中旬。

迁地栽培要点

抗性强，耐干旱，忌水涝和全阴，适于长江中下游地区栽培。繁殖以播种和分球为主，也可进行组织培养繁殖。花期常发生蓟马、葱兰夜蛾和斜纹夜蛾危害。

主要用途

药用：鳞茎含石蒜碱，经氢化后有抗阿米巴痢疾的作用，为吐根的代用品，民间把鳞茎捣碎，敷治肿毒。

生产：鳞茎含有大量的淀粉，可作浆糊、浆布之用。

观赏：花紫红色，花被顶端蓝色，如梦幻般的色彩，观赏性强，为优良的夏季观赏球宿根花卉。

杭州植物园栽培－疏林密植

换锦花海岛野生居群

鳞茎

叶片

花蕾

花序和花

果实

43
鹿葱

Lycoris squamigera Maxim., Bot. Jahrb. Syst. 6: 79. 1885.

自然分布

产山东、江苏和浙江。生于海拔1200m以下的阴湿山坡和溪沟边的石缝处。日本也有分布。

迁地栽培形态特征

多年生草本，具鳞茎。

鳞茎 卵球形，直径3～5cm，鳞茎皮褐色或黑褐色。

叶 秋季或春季出叶，叶带状，秋叶长30～40cm，宽1.2～1.8cm，春叶长60～70cm，宽1.7～2.4cm，顶端圆钝，叶面橄榄绿色，背面黄绿色，中间淡色带不明显。

花 花葶高50～60cm；总苞片2枚，披针形，长4～6cm，宽1.2～1.3cm；伞形花序有花4～8朵，花淡紫红色；花被片倒披针形，长7～8cm，宽1.7～2cm，边缘不褶皱，顶端轻度反卷，花被筒长1.5～2.5cm；雄蕊略短于花被片，花丝淡紫红色，柱头红色。

果 蒴果圆柱形或近圆形，三棱状，绿色，不育。

引种信息

杭州植物园 登录号16A07001，2016年引自江苏连云港；生长状态良好。

南京中山植物园 登录号2004I-0362，2004年引自杭州植物园；生长状态良好。

物候

杭州植物园 10月下旬少量展叶，12月中下旬地上部分全部枯萎，翌年2月中旬开始展叶，2月下旬进入展叶盛期，3月上旬展叶末期，4月中下旬开始枯萎，5月中下旬完全枯萎；7月中下旬现蕾期、始花期、盛花期，8月上旬花末期；10月中下旬果期。

南京中山植物园 抽葶期、现蕾期7月中旬，盛花期7月下旬至9月上旬；果期10月中旬。

迁地栽培要点

抗性强，耐干旱，忌水涝和全阴，适于黄河、长江中下游地区栽培。繁殖以分球为主，也可进行组织培养繁殖。花期常发生蓟马、葱兰夜蛾和斜纹夜蛾危害。

主要用途

药用：鳞茎含石蒜碱，经氢化后有抗阿米巴痢疾的作用，为吐根的代用品，民间把鳞茎捣碎，敷治肿毒。

生产：鳞茎含有大量的淀粉，可作浆糊、浆布之用。

观赏：花朵硕大，花色淡紫红色，美丽怡人，为优良的夏季观赏球宿根花卉。

中国迁地栽培植物志·石蒜科·石蒜属

44 稻草石蒜

Lycoris straminea Lindl., J. Hort. Soc. London 3: 76. 1848.

杭州植物园栽培-林缘密植　　杭州植物园栽培-全光照密植

自然分布

产江苏、浙江和湖南。生于阴湿山坡和溪沟边的石缝处。日本也有分布。

迁地栽培形态特征

多年生草本，具鳞茎。

🔴**鳞茎** 近球形，直径3~4cm，鳞茎皮褐色或黑褐色。

🔴**叶** 秋季出叶，叶带状，长30~45cm，宽1.0~1.5cm，顶端锐尖，叶面灰绿色，叶背橄榄绿色，中间淡色带不明显。

🔴**花** 花葶高40~50cm；总苞片2枚，披针形，长3~4cm，宽0.8~1.0cm；伞形花序有花4~6朵，花稻草色；花被片倒披针形，腹面散生红色条纹或斑点，盛开时逐渐消失，长4~6cm，宽0.7~1cm，强度褶皱和反卷，花被筒长1.5cm；雄蕊显著伸出于花被外，比花被片长1倍左右，花丝黄色或红色，柱头红色。

🔴**果** 蒴果圆柱形或近圆形，三棱状，绿色，不育。

引种信息

西双版纳植物园　登录号00,2018,1433，2018年引自浙江杭州植物园；生长状态差。

杭州植物园　登录号14A08006，引自湖北宜昌；生长状态良好。

南京中山植物园　登录号2019I579，引自重庆武隆；生长状态良好。

物候

西双版纳植物园　生长期10月至翌年2月下旬；未见开花结果。

杭州植物园　10月中下旬开始展叶，11月上旬进入展叶盛期，12月中上旬展叶末期，3月中下旬开始枯萎，5月中上旬完全枯萎；7月中下旬现蕾期、始花期、盛花期，7月下旬花末期；10月中下旬果期。

南京中山植物园　抽葶期、现蕾期7月下旬，盛花期8月上旬至9月中旬；果熟期10月下旬。

迁地栽培要点

抗性强，耐干旱，忌水涝和全阴，适于长江中下游地区栽培。繁殖以分球为主，也可进行组织培养繁殖。花期常发生蓟马、葱兰夜蛾和斜纹夜蛾危害。

主要用途

药用：鳞茎含石蒜碱，经氢化后有抗阿米巴痢疾的作用，为吐根的代用品，民间把鳞茎捣碎，敷治肿毒。

生产：鳞茎含有大量的淀粉，可作浆糊、浆布之用。

观赏：花开渐变色，美丽大方，为优良的夏季观赏球宿根花卉。

鳞茎　叶片　花蕾1　花蕾2　花序

花

果实

45
秦岭石蒜

Lycoris tsinlingensis P. C. Zhang, Ann. Bot. Fennici. 57: 193. 2020.

自然分布

我国特有，产陕西西安。生于阴湿山坡和溪沟边的石缝处。

迁地栽培形态特征

多年生草本，具鳞茎。

鳞茎 卵球形，直径3～4cm，鳞茎皮褐色或黑褐色。

叶 春季出叶，叶片带状，叶长30～40cm，宽1.5～2.0cm，顶端圆钝，叶面橄榄绿色，背面黄绿色，中间淡色带明显。

花 花葶高40～50cm；总苞片2枚，披针形，长4～4.5cm，宽0.8～1.2cm；伞形花序有花4～6朵，花橙黄色；花被片倒披针形，长6～7.5cm，宽1～1.5cm，边缘中度褶皱，顶端中度反卷，花被筒长1.5cm；雄蕊与花被片近等长，花丝橙红色，柱头红色。

果 蒴果圆柱形或近圆形，通常具三棱，绿色，成熟后变为黑褐色，室背开裂；种子近球形，有时具棱，黑色。

引种信息

杭州植物园 登录号14A07001，2014年引自陕西西安；生长状态良好。

物候

杭州植物园 2月中上旬开始展叶，3月中下旬进入展叶盛期，3月下旬展叶末期，4月中下旬开始枯萎，5月中下旬完全枯萎；7月中上旬现蕾期、始花期、盛花期，7月中旬末花期；10月中下旬果期。

迁地栽培要点

抗性强，耐干旱，忌水涝和全阴，适于黄河、长江中下游地区栽培。繁殖以分球为主，也可进行组织培养繁殖。花期常发生蓟马、葱兰夜蛾和斜纹夜蛾危害。

主要用途

药用：鳞茎含石蒜碱，经氢化后有抗阿米巴痢疾的作用，为吐根的代用品，民间把鳞茎捣碎，敷治肿毒。

生产：鳞茎含有大量的淀粉，可作浆糊、浆布之用。

观赏：花色醒目亮丽，为优良的夏季观赏球宿根花卉。

杭州植物园栽培　鳞茎　花蕾　花

水仙属

Narcissus L.,Sp. Pl. 1: 289. 1753.

多年生草本。鳞茎表皮膜质。基生叶线形或圆筒形，与花葶同时抽出。花葶实心；伞形花序具1至数朵花；总苞片佛焰苞状，膜质，下部管状；花直立或下垂；花高脚碟状；花被管较短，圆筒状或漏斗状，花被裂片6枚，几相等，直立或反卷；副花冠长管状，与花被类似，或短缩成浅杯状；雄蕊着生于花被管内，花药基着；子房每室具多数胚珠，花柱丝状，柱头小，顶端3裂。蒴果室背开裂；种子近球形。

本属约有60种，主要分布于地中海、中欧及亚洲等地区。我国植物园栽培有2种，其中1种为本土物种，1种为引入栽培。

水仙属分种检索表

1a 花被与副花冠均为金黄色；副花冠长于或稍长于花被裂片 ················ 46. **黄裙水仙 *N. bulbocodium***
1b 花被白色，副花冠金黄色；副花冠短小，长不及花被的1/2 ······ 47. **水仙 *N. tazetta* subsp. *chinensis***

46 黄裙水仙

Narcissus bulbocodium L., Sp. Pl. 289. 1753.

自然分布

原产欧洲西南部及非洲西北部地区。我国部分植物园有栽培。

迁地栽培形态特征

多年生草本，具鳞茎。

鳞茎 鳞茎卵形至卵球形，具膜质表皮。

叶 具叶4~9枚，叶片线形，横截面半圆柱形，长15~18cm，绿色至深绿色，通常与花葶同时抽出。

花 花葶高15~18cm，顶端具1至数朵花；总苞片佛焰苞状1枚，膜质，长2~3.5cm；花梗长2~3.5cm；花倒锥形，花被管倒圆锥形，具绿色至浅绿色纵纹，花被裂片6枚，披针形，约与花被裂片近等长，黄色；副花冠长管状，稍长于花被裂片，金黄色；雄蕊着生于花被管内，内藏，花药基着；花柱伸出，柱头稍膨大。

果 蒴果，室背开裂；种子近球形。

引种信息

昆明植物园 引种信息不详；生长状态良好。

物候

昆明植物园 花期2~3月；果期3~4月。

迁地栽培要点

喜温暖、湿润的栽培环境，忌积水，以疏松、肥沃、土层深厚的冲积砂壤土为最宜。花期常发生蓟马、葱兰夜蛾和斜纹夜蛾危害。

主要用途

观赏：花形奇特，芳香飘逸，用于庭园观赏，可用作地被植物，亦可丛植或片植于疏林下或花坛、花境配置。

昆明植物园栽培　花　花蕊　花期、果期　果实

47 水仙

Narcissus tazetta subsp. ***chinensis*** (M. Roem.) Masam. et Yanagih., Trans. Nat. Hist.Soc. Formosa 31: 329. 1941.

西双版纳热带植物园栽培

自然分布

产浙江、福建沿海岛屿。生于近海平面至100m的砂地、荒地。目前各地广为栽培。

迁地栽培形态特征

多年生草本，具鳞茎。

鳞茎 卵球形，直径，表皮棕褐色，膜质。

叶 叶片宽线形，扁平，长20~40cm，宽8~15mm，顶端钝圆，全缘，叶面粉绿色。

花 花莛与叶近等长；伞形花序具4~8朵花；总苞片佛焰苞状，膜质；花梗长短不一；花被管细，近三棱形，长约2cm，灰绿色，花被裂片6枚，卵圆形至阔椭圆形，顶端具短尖头，扩展，白色，芳香；副花冠浅杯状，淡黄色，不皱缩，长不及花被的1/2；雄蕊6枚，着生于花被管内，花药基着；子房3室，每室具多数胚珠，花柱细长，柱头3裂。

果 蒴果，室背开裂。

引种信息

杭州植物园 引种信息不详；生长状态良好。

海医大药植园 登录号200707114，引种号JM2007001，2007年引自上海；生长状态良好。

物候

杭州植物园 2月中下旬开始展叶，3月上旬始花期，3月中上旬盛花期，3月下旬花末期，4~5月果期；6~7月叶片枯萎，进入休眠期。

海医大药植园 1月中旬开始展叶，1月下旬始花期，2月中上旬盛花期，2月下旬花末期，4~5月果期；6~7月叶片枯萎，进入休眠期。

南京中山植物园 1月中旬开始展叶，1月下旬始花期，2月中上旬盛花期，2月下旬花末期，4~5月果期；6~7月叶片枯萎，进入休眠期。

迁地栽培要点

喜光，稍耐阴，耐低温，抗干旱，耐瘠薄，喜疏松、肥沃、排水良好的土壤，不耐高温和水涝。多采用分株繁殖的方法，也可以种子播种繁殖。花期常发生蓟马、葱兰夜蛾和斜纹夜蛾危害。

主要用途

药用：鳞茎具有消炎止血，清热镇痛，利尿消肿，健胃通乳的功效。

观赏：花色淡雅，芳香怡人，为优良的观赏球根花卉，宜丛植、片植于疏林下或花坛、花境配置，也可盆栽室内观赏，是著名的年宵花卉。

假葱属

Nothoscordum Kunth, Enum. Pl. 4: 457. 1843.

多年生草本；具鳞茎，球形至卵球形；叶片带状线形，柔软，通常平整；花葶圆柱形或近圆柱形，中空；总苞片2枚，基部稍重叠；伞形花序具10~25朵花；花白色、黄色，有时淡紫色，具芳香，花被片6枚，仅基部联合；雄蕊6枚，与花被片对生，花丝扁平或多少扁平，常短于花被片，基部相邻；子房上位，3室，具胚珠多数；种子形态、大小差异大，圆形、卵圆形、近卵圆形或稍不规则，具光泽。

本属约有90种，主要分布于南美洲、北美洲。我国植物园引入栽培1种。

48 假韭

Nothoscordum gracile (Aiton) Stearn, Taxon 35: 338. 1986.

自然分布

原产南美洲。我国部分植物园有栽培。

迁地栽培形态特征

多年生草本，具鳞茎。

鳞茎 球形至卵圆形，有时稍偏斜。

叶 具4~9枚叶片，叶片带状，长35~45cm，宽9~12mm，顶端钝圆，中脉稍凹下，叶面绿色，向基部白色。

花 花莛长40~55cm，中空；伞形花序具5~15朵花；总苞片2枚，对生，卵形至狭卵形，长8~11mm，宽4~5mm，膜质，基部部分套叠；花梗长1.5~4.5cm，花后伸长至2.5~5cm；花长1.1~1.2cm，乳白色，具芳香，花被片6枚，2轮，花被片狭倒卵状披针形，顶端渐尖或急尖，近基部联合，淡绿色；雄蕊与花被对生，短于花被片，花丝扁平，钻型，长6~7mm，花药狭卵形，长1.7~1.9mm；子房近圆柱形，长约3mm，3室，黄绿色，具胚珠多数；花柱长约6mm，与雄蕊等长，柱头稍膨大。

果 蒴果倒卵形，长6~8mm，宽4~5mm，顶端微凹，成熟时3片裂，具种子8~18粒；种子轮廓卵圆形至稍不规则，长1.9~2.2mm，宽1.5~1.7mm，黑色，具光泽。

引种信息

华南植物园 登录号20181845，2002年引自澳大利亚；生长状态良好。

厦门市园林植物园 引种信息不详；生长状态良好。

物候

华南植物园 11月下旬至12月上旬少量植株萌发新叶，12月中旬现蕾期，12月中下旬进入始花期，花少，果期1月；翌年4月上旬现蕾期，4月中旬始花期，4月下旬至6月上旬盛花期，花末期6月上旬至中旬，果期5月下旬至7月上旬；7月下旬至8月下旬地上部分休眠。

厦门市园林植物园 3月中下旬现蕾期，4月上旬始花期，4月中下旬至5月盛花期，6月末花期；4月下旬至7月果熟期。

迁地栽培要点

喜砂质壤土或排水良好的土壤，在干燥、潮湿的土壤中均可以正常生长，喜阳光充足的栽培环境，在荫蔽处生长势差或不能正常开花。花期常发生蓟马、葱兰夜蛾和斜纹夜蛾危害。

主要用途

观赏：小花淡雅美丽，可做林缘及路边的地被植物，亦可用于庭院观赏，适于片植、丛植。

华南植物园栽培

昆明植物园栽培　　叶线状扁平

花序及总苞片　　花　　花末期、果期

晚香玉属

Polianthes L., Sp. Pl. 1: 316. 1753.

多年生草本，具块状的根状茎。叶片线形，禾草状，基生或散生于花葶上，向上渐小呈苞片状。花序总状或穗状；花白色；花被管细长而弯曲，花被裂片短，近等大；雄蕊6枚，着生于花被管中部，内藏，花丝丝状，较短，花药线形，直立，背着；子房3室，每室具多数胚珠，花柱细长，柱头3裂。蒴果卵球形，顶端具宿存花被；种子稍扁。

本属约13种，主要产南美。我国植物园引入栽培1种。

49 晚香玉

Polianthes tuberosa L.,Sp. Pl. 1: 316.1753.

华南植物园栽培

自然分布

原产墨西哥。我国部分植物园有栽培。

迁地栽培形态特征

多年生草本。

(根状茎) 具块状的根状茎，上部茎直立，不分枝。

(叶) 基生，具6~9枚，叶片线形，长30~42cm，宽约1cm，顶端渐尖，叶面深绿色。

(花) 穗状花序顶生，每苞片内常具2朵花，苞片绿色；花乳白色，长3.5~5.5cm，具芳香；花被管长2.5~3.5cm，基部稍弯曲，花被裂片长圆状披针形，长1.2~1.8cm，近等大，顶端钝；雄蕊6枚，着生于花被管中，内藏；子房下位，3室，花柱细长，柱头3裂。

(果) 卵球形，顶端具宿存花被；种子多数，稍扁。

引种信息

华南植物园 登录号20040922，2004年引自广西药用植物园；生长状态一般。

北京植物园 登录号1986-3849，1986年引自古巴；生长状态良好。登录号1986-4723，1986年引自美国；生长状态良好。

物候

华南植物园 盆栽，4月下旬至5月上旬展叶期，未能观察观察到开花结果；2011年地栽植株，当年5月中上旬花期，花量少，盛花期不明显；未见结果实。

北京植物园 花期7~8月。

栽培管理特点

喜温暖湿润、阳光充足的栽培环境。对土质要求不严，以黏质壤土为宜；对土壤湿度反应较敏感，喜肥沃、潮湿排水性好的壤土。花期常发生蓟马、葱兰夜蛾和斜纹夜蛾危害。

主要用途

观赏：花姿典雅，用于庭园观赏，亦可用于花境配置和地被植物。

香料：花可提取芳香油供制香料。

药用：叶、花、果入药，具有清肝明目、拔毒生肌的功效，主治痈疮肿毒。

玉簪水仙属

Proiphys Herb., Appendix 42. 1821.

多年生草本，具鳞茎。鳞茎球形或近球形，直径5~8cm，具外表皮。叶基生或茎生，有柄或无柄，基部鞘状，螺旋状排列或2列，叶片线形、披针形、卵形、椭圆形或圆形，通常全缘，基部心形或楔形。花莛直立；伞形花序具花多朵；佛焰状总苞片2~4枚，卵形；具花梗；花被裂片6枚，2轮，白色，近相等，基部联合成管状，具明显的杯状体（雄蕊杯）；雄蕊6枚，2轮，近相等，着生于花被管喉部，花丝具附属物；花药背着或基着，内向纵裂；子房下位，1室或3室，柱头单一或3裂，柱头头状。蒴果干燥或肉质，不规则开裂或室被开裂。种子球形或近球形，具翅或不具翅。

50 玉簪水仙

别名： 假玉簪

Proiphys amboinensis (L.) Herb., Appendix 42. 1821.

华南植物园栽培

自然分布

原产澳大利亚西部和东南亚的热带雨林及沿海地区。我国部分植物园有栽培。

迁地栽培形态特征

多年生草本，具鳞茎。

叶 基生，叶片阔卵形或近圆形，长18~30cm，宽19~32cm，顶端钝圆，具小尖头，边全缘，基部心形至耳状部分重叠，弧形脉每边12~14条，明显；叶柄常25~37cm，内侧具浅沟槽。

花 花葶长50~70cm，粗壮；伞形花序具数朵至10余朵花，苞片3~10枚，条形、披针形至狭披针形，长2~8.5cm，宽0.4~1.8cm，常不等大；花梗长2~3cm，花后稍延伸，花长7~8cm，花被白色；花被管长筒状，长约4cm，直径约4mm，淡黄绿色，具数条纵纹，上部裂片6枚，狭披针状长圆形至狭倒卵状披针形，近等大或稍不等大；雄蕊6枚，着生于花被管喉部，与裂片对生，伸出，花丝长2.5~2.6cm，下部具附属物，白色，围成假花冠；花药"丁"字形背部着生，2室，长椭圆形，花药橘黄色；子房下位，卵圆形，花柱长约7cm，伸出。

🔴 果　蒴果，三棱状长圆形，长3~4cm，宽1~2cm，黄绿色至黑色；种子压扁，黑色，多角形。

引种信息

　　华南植物园　登录号20052170，2005年引自广州芳村岭南花卉市场；生长状态良好。

物候

　　华南植物园　4月下旬至5月上旬抽出花葶，花期5月中旬至7月下旬，其中盛花期6月中旬至7月中旬；果期7~8月，结实率低。

栽培管理特点

　　喜温暖、湿润、半荫蔽的栽培环境，土质以富含腐殖质的砂质壤土为佳。常用分株或地下茎繁殖，以春夏季为适期。花期常发生蓟马、葱兰夜蛾和斜纹夜蛾危害。

主要用途

　　观赏：叶形优美，花洁白淡雅，用于园林绿化和庭园观赏，适合丛栽、石块或路旁的点缀或盆栽。

　　药用：治疗肿胀及缓解鱼、虾、蟹中毒症状。

　　文化：在马来西亚部分村落，该植物的叶片用于避邪。

中国迁地栽培植物志·石蒜科·玉簪水仙属

花序及总苞片

花

176

小顶红属

Rhodophiala C. Presl, Abh. Böhm. Ges. Wiss. 3: 545. 1845.

多年生草本，具鳞茎。鳞茎球形或近球形，具膜质黑褐色至褐色表皮。叶通常2~7枚，叶片狭带状，长30~90cm，宽2.5~4cm，通常花后几周抽出，无叶柄，在原产地为冬季生长，夏季休眠。花葶直立，中空，长20~75cm，直径1~2cm；伞形花序，具2~14朵花，在原产地，花期通常在夏末或秋季；佛焰苞状总苞片2枚；小苞片线形；花漏斗形，稍下弯，通常为紫色或红色；花被片6枚，裂片不等大、近等大或稍不等大，花萼基部合生成一个短管（花被管），通常基部被鳞片；雄蕊6枚，下弯，花丝长于或短于花被裂片，花药背着，"丁"字形着生；子房下位，3室，每室具胚珠多数。蒴果，具种子多数，种子黑色，扁平状，具翅。

本属约20种，主要分布于南美洲热带地区。我国植物园引入栽培1种。

51 淡红华胄

Rhodophiala rosea (Sweet) Traub, Pl. Life 9: 60. 1953.

西双版纳热带植物园栽培（盛花期）

自然分布

原产南美洲热带地区。我国部分植物园有栽培。

迁地栽培形态特征

多年生草本，具鳞茎。

鳞茎 球形，外表皮褐色或黑褐色。

叶 夏初出叶，具叶2~6枚，叶片带状，长15~30cm，边全缘。

花 花葶直立，高30~35cm，中空，长30~40cm，直径1~1.6cm，先于叶抽出；伞形花序，具2至数朵花；佛焰苞状总苞片2枚，卵状披针形；小苞片线形；花漏斗形，淡红色至红色，稍下弯；花被片6枚，裂片狭卵状披针形，稍不等大，基部具短的花被管，裂片基部被鳞片；雄蕊6枚，下弯，花丝长于花被裂片，花药背着，"丁"字形着生；子房下位，3室，每室具胚珠多数。

果 蒴果，具种子多数；种子黑色，扁平状，具翅。

引种信息

西双版纳热带植物园 引种信息不详；生长状态良好。

物候

西双版纳热带植物园 3月上旬至中旬现蕾期，3月中旬始花期，花先于叶开放，4月上旬至5月上旬盛花期，5月中旬至下旬花末期；未能观察到结果实；4月上旬至中旬长出新叶，自然生长条件下，10月下旬至11月上旬地上部分渐枯萎，水肥充足时12月下旬至翌年1月中旬地上部分渐枯萎，进入休眠期。

迁地栽培要点

喜温暖、湿润、半荫蔽的栽培环境，不耐寒，以肥沃、排水性好的砂质壤土为佳。繁殖可用分株或播种方式，其中播种应在种子成熟后立即播种。花期常发生蓟马、葱兰夜蛾和斜纹夜蛾危害。

主要用途

观赏：花姿美丽，花量大而集中，叶片整齐，为观花、观叶俱佳的球根花卉。

花蕾和花

花局部特写

网球花属

Scadoxus Raf., Fl. Tellur. 4: 19.1836 [1838]

多年生草本。具鳞茎。叶数枚，叶片较宽，顶端通常常钝圆，基部多少变狭。花葶坚硬、实心，略扁平；伞形花序具多朵花，排列呈头状；总苞片佛焰苞状，3至多枚，排成一轮；花梗纤细；花直立，粉红色、红色或白色；花被管短，花被裂片狭，线形或披针形，上升或扩展；雄蕊6枚，着生于花被管喉部，长于花被裂片，花丝丝状，花药较小，长圆形，"丁"字形着生；子房下位，球形，3室或在开花期退化为1室，胚珠少数，每室1~2枚，花柱丝状，柱头不裂或微3裂。果实为浆果状、球形或长圆形，不开裂；种子球形，暗灰褐色。

本属约有50种，主要分布于非洲。我国植物园引入栽培1种。

52 网球花

Scadoxus multiflorus (Martyn) Raf., Fl. Tellur. 4: 19.1838.

西双版纳热带植物园栽培

自然分布

原产非洲。我国部分植物园有栽培。

迁地栽培形态特征

多年生草本，具鳞茎。

鳞茎 球形，直径4~7cm，外表皮褐色或黑褐色，假茎和茎基部都经常覆盖着红棕色到暗紫色斑点。

叶 夏初出叶，叶2~8枚，叶片长圆形，长15~30cm，宽6~9.5cm，边全缘至稍波状，主脉两侧各有纵脉6~8条，横行细脉排列较密而偏斜；叶柄短，鞘状。

花 花葶直立，高30~35cm，实心，稍扁平，先叶或与叶同时抽出，具2片小叶，叶柄鞘状，全包被，开放前被膜质佛焰状总苞包裹，淡绿色或具红色斑点；伞形花序具30~80朵花，排列稠密，直径7~15cm；花红色；花被管圆筒状，长约1cm，花被裂片6片，线形，长约为花被管的2倍，等大；花丝6枚，长约2cm，红色，伸出花被外，花药黄色；子房卵圆形，花柱长约3cm，伸出。

果 浆果鲜红色，直径5~10mm。

引种信息

西双版纳热带植物园 引种信息不详；露地栽培于奇花异卉园，生长良好。

华南植物园　登录号19940362，1994年引自西双版纳热带植物园；生长状态良好。
厦门市园林植物园　登录号20150290、20150622，2015年引自西双版纳热带植物园；生长状态良好。
桂林植物园　引种信息不详；生长状态良好。
杭州植物园　2013年6月引自广西药用植物园；温室栽培，生长状态良好。

物候

西双版纳热带植物园　4月下旬现蕾期，5月上旬始花期，5月中上旬盛花期，5月下旬花末期；果期6月上旬至8月上旬。

华南植物园　5月上旬现蕾期，5月上旬始花期，5月中旬至6月上旬盛花期，6月中下旬花末期；未观察到果实；6月中上旬萌芽展叶期，12月上旬地上茎、叶渐枯萎，12月下旬至翌年4月休眠期。

厦门市园林植物园　1～2月休眠，3月萌动花芽，开始抽出花葶，5月中下旬始花期，并开始展新叶，6月盛花期，7月花末期；6月下旬至7月果期，自然结实率低；12月叶片开始发黄，地上部分渐枯萎。

桂林植物园　盛花期6月中旬；未观察到果实。

杭州植物园　6月中下旬开始抽出花葶，6月下旬进入花期，7月中上旬末花期，5月下旬展叶，11月中下旬叶片开始枯萎，12月下旬地上部分开始休眠。

迁地栽培要点

喜温暖、湿润、半荫蔽的栽培环境，不耐寒，以肥沃、排水性好的砂质壤土为佳。繁殖可用分株或播种方式，其中，播种应在种子成熟后立即播种。花期常发生蓟马、葱兰夜蛾和斜纹夜蛾危害。

主要用途

观赏：花色鲜艳，花序球形，着花密集，姿态优美，是常见的室内盆栽观赏花卉，南方地区可室外丛植成片，花期景观别具一格。

华南植物园栽培

龙头花属

Sprekelia Heist., Beschr. Neu. Geschl. 15, 19. 1755.

多年生草本。具鳞茎。叶片狭线形。花葶中空，带红色，顶端具1朵花，佛焰苞状总苞片红褐色，总苞片下部合生，上部分离；花梗直立；花被2唇形；花被管极短或无，花被片6枚，异型，上方1枚最宽，两侧花被片披针形，下方3片下部彼此靠合成槽状；雄蕊着生于花被片基部，略外伸，花丝稍下弯，其间具分离的鳞片，花药线状长圆形，"丁"字形着生；子房陀螺状，具6棱，3室，每室具多数叠生的胚珠，花柱丝状，柱头3裂。蒴果，室背3开裂；种子多数，盘状，具狭翅。

本属只有1种，分布于墨西哥。我国植物园有引入栽培。

53 龙头花

Sprekelia formosissima Herb., Appendix 35. 1821.

株型

自然分布

原产墨西哥。我国部分植物园有栽培。

迁地栽培形态特征

多年生草本，具鳞茎。

鳞茎 球形，直径约5cm。

叶 具叶3~6枚，狭线形，长30~50cm，宽1~2cm。

花 花葶中空，带红色，长35~45cm；花大，二唇形，单朵顶生；佛焰苞状总苞片红褐色，长约5cm，顶端2裂；花梗长约5.5cm；花被管极短或无，花被长8~10cm，绯红色。花被片6枚，异型，上方1枚最宽，狭卵状披针形，两侧花被片披针形，下方3片基部靠合成槽状，不合生；雄蕊着生于花被片基部，伸出。

果 未观察到果实。

引种信息

华南植物园 登录号20180858，2018年引自广州；生长状态良好。

杭州植物园 登录号18A08001，2018年网络购买；温室栽培，长势良好。

物候

华南植物园 花开不定期，花的数据为之前同批植株采集。

杭州植物园 未能观察到开花结果。

迁地栽培要点

喜光，稍耐阴，抗干旱，耐瘠薄，喜疏松、肥沃、排水良好的土壤，忌水涝。多采用分株繁殖的方法。花期常发生蓟马、葱兰夜蛾和斜纹夜蛾危害。

主要用途

观赏：花型奇特，色彩艳丽大方，常盆栽供观赏。

花

花局部特写

紫娇花属

Tulbaghia L., Mant. Pl. 148, 223. 1771.

多年生草本，具鳞茎或根状茎，全株具发散刺鼻性蒜味。叶排成2列，叶片丝状或狭线形。花葶实心，直立；佛焰状总苞2枚，卵形或狭披针形；伞形花序具花3~40朵，花被裂片6枚，2轮，卵形，基部1/2联合成筒状，喉部具3至多个附属物或管状副花冠；雄蕊2轮，无花丝；子房上位，花柱较短，柱头头状；蒴果，室被开裂，具宿存的花被裂片，种子多数，黑色，三角形。

54 紫娇花

Tulbaghia violacea Harv., Bot. Mag. 64: t. 3555. 1837.

自然分布

原产南非和津巴布韦。我国各地广为栽培。

迁地栽培形态特征

多年生草本，具鳞茎。

鳞茎 近球形，直径可达2cm。

叶 狭带状，稍肉质，揉碎有蒜味；长25～30cm，宽5～8mm。

花 花葶直立，高30～50cm；伞形花序具花多数，最多可达20朵；花管状，淡紫红色；花被片卵状长圆形，长4～5 mm，基部稍联合，顶端钝或锐尖；雄蕊着生于花被基部，花丝下部扁而阔，基部稍联合；柱头小，不分裂。

果 蒴果倒卵状，具三棱，长0.9～1.2cm，直径5～6mm，内具种子多枚；种子长卵形、长圆形或稍不规则，长5～7mm，直径1.6～2.1mm，黑色，有时表面皱缩，具光泽。

引种信息

西双版纳热带植物园 登录号00,2003,1228，2003年引自广东广州；生长状态良好。

华南植物园 登录号20061032，2006年引自福建；生长状态良好。

厦门市园林植物园 登录号2010007，2010年引自上海；生长状态良好。

昆明植物园 引种信息不详；生长状态良好。

海医大药植园 登录号20070086，引种号HBK2007022，2007年引自重庆；生长状态良好。

南京中山植物园 登录号2019I6271，2019年网络购买，自浙江海宁四季花园；生长状态良好。

物候

西双版纳热带植物园 3月中旬至下旬现蕾期，4月始花期，5月上旬至7月下旬盛花期，8月上旬花末期；未能观察到结果实。

华南植物园 花期7月上旬至9月上旬，其中盛花期7月下旬至8月中旬；果期8～10月。

厦门市园林植物园 3月抽出花葶，4月上旬始花期，4月中下旬至7月盛花期，8～11月也有花，花量相对少，花期长；10～12月有观察到少数果，结果率低。

昆明植物园 地上部分常绿；花期几乎持续全年，盛花期在4～5月，其他月份有零星开花。

海医大药植园 花期5～7月；未见结果实。

南京中山植物园 4月上旬萌芽，4月下旬抽出花葶，5月上旬现蕾期，盛花期5～10月，11月中下旬休眠。

迁地栽培要点

喜光，稍耐阴，抗高温和干旱，稍耐寒，喜富含有机质和排水良好的土壤。以在休眠期分株繁殖为主。叶片偶会遭受蛞蝓和蜗牛危害。花期常发生蓟马、葱兰夜蛾和斜纹夜蛾危害。

主要用途

观赏：花姿典雅，花期长，是良好的疏林地被花卉，也可丛植于岩石园和步栈道旁，或盆栽室内观赏。

紫娇花品种在深圳大湾区花展中应用　　广州市海珠湖公园栽培应用于花海景观

南宁园博园栽培应用于花境景观　　厦门市园林植物园栽培于花坛布置

昆明植物园温室栽培　　南京中山植物园栽培

葱莲属

Zephyranthes Herb., Appendix 36. 1821.

多年生矮小草本,具有鳞茎。叶基生,叶片线形,数枚簇生,常与花同时开放。花葶纤细,中空;花单生于花葶顶端。总苞片佛焰苞状,下部管状抱茎,顶端2裂;花漏斗状,直立或稍下垂;花被管长或短;花被裂片常6枚,2轮,内轮花被裂片较外轮的稍狭;雄蕊6枚,着生于花被管喉部或管内,等长或近等长,花药"丁"字形、背着;子房下位,3室,每室胚珠多数,柱头3裂或凹陷。蒴果近球形,室背3瓣开裂;种子黑色,扁平或稍扁平。

本属约有60种,主要分布于西半球温暖地区。我国植物园引入栽培4种。

葱莲属分种检索表

1a 花被管长1~7 mm。
  2a 花被白色;花被管长1~3mm;花柱稍短于雄蕊·················55. 葱莲 *Z. candida*
  2b 花被桃红色,花被管长5~7mm;花柱长于雄蕊·················58. 玫瑰韭莲 *Z. rosea*
1b 花被管稍长,长于1cm。
  3a 花被玫瑰红或粉红色;花被管长2~2.5cm;花柱长于雄蕊·················56. 韭莲 *Z. carinata*
  3b 花被黄色;花被管长1~1.2cm;花柱稍短于雄蕊·················57. 黄花葱莲 *Z. citrina*

55 葱莲

别名： 玉帘、葱兰

Zephyranthes candida (Lindl.) Herb., Bot. Mag. 53: t. 2607. 1826.

西双版纳热带植物园栽培应用于地被景观

自然分布

原产南非。中国各地有栽培。

迁地栽培形态特征

多年生草本，具鳞茎。

鳞茎 卵圆形或近球形，长1.6~2.5cm，直径1.2~1.6cm。

叶 具叶4~8枚，叶片线状，长25~42cm，宽3~5mm，叶片横截面近半月形，深绿色。

花 花葶长20~30cm；总苞片长2.5~3.5cm；花梗长1.8~2.2cm；花长4~4.8cm，直径4~5cm，花被管长1~3mm，绿色至淡绿色，花被裂片6枚，倒披针形，长3.5~4cm，宽1.3~1.6cm，白色；雄蕊6枚，花丝长0.9~1cm，近等长，花药线形，长1~1.1cm；子房长2~2.5mm，花柱长2~2.4cm，稍短于雄蕊，柱头头状，3裂。

果 蒴果近球形，直径1.2~1.4cm，成熟时3裂，具种子10~20枚；种子黑色，稍扁平。

引种信息

西双版纳热带植物园 登录号00,2010,0938，2010年引自云南普洱思茅区南岛河；生长状态良好。

华南植物园 登录号20040986，2004年引自广西药用植物园；生长状态良好。

厦门市园林植物园 登录号2009454，2009年引自云南景洪；生长状态良好。

桂林植物园 引种信息不详；生长状态良好。

海医大药植园 登录号xx000083，引种信息不详；生长状态良好。

物候

西双版纳热带植物园 5月上旬现蕾期，5月中旬始花期，5月下旬至6月下旬盛花期，7~11月花量渐少，12月上旬花末期。

华南植物园 现蕾期7月上旬，花期7月中旬至11月中旬，盛花期8月中旬至10月上旬；果期8~12月。

厦门市园林植物园 7月下旬现蕾期，8月上旬始花期，8月下旬至9月下旬盛花期，10月下旬花期；未观察到结果实。

桂林植物园 盛花期7月中旬至8月上旬；未观察到果实。

海医大药植园 现蕾期6月下旬，花期6月下旬至10月；未观察到果实。

栽培管理特点

生性强健，喜温暖、湿润、阳光充足的栽培环境，以肥沃、排水性好的壤土为宜。花期常发生蓟马、葱兰夜蛾和斜纹夜蛾危害。

主要用途

观赏：叶色翠绿，花色洁白、优雅，南方地区广泛用于园林市政绿化和庭院观赏，适于花坛、花境配置或草坪种植。

药用：全草入药，平肝熄风，主治小儿惊风、癫痫。

西双版纳热带植物园栽培应用于花坛布置（盛花期）

华南植物园栽培

56 韭莲

别名： 风雨花、红花葱兰

Zephyranthes carinata Herb., Bot. Mag. 52: t. 2594. 1825.

自然分布

原产美洲热带。中国各地有栽培。

迁地栽培形态特征

多年生草本，具鳞茎。

鳞茎 卵圆形，长1.6~2.5cm，直径1.1~1.8cm。

叶 具叶片3~9枚，叶片线形，长28~40cm，宽约5mm，扁平，稍对折，绿色。

花 花葶长20~30cm；总苞片长2~2.5cm；花梗长3.2~4cm；花长7~8cm，直径7~8cm，花被管长2~2.5cm，淡黄绿色，花被片6~8枚，倒狭卵状椭圆形至狭倒卵状长圆形，长5~6cm，宽1.2~2cm，粉红色；雄蕊6~8枚，长2.5~3cm，等长或近等长，花药线形，长1.4~1.6cm；子房下位，3室，长约3mm，花柱长6.5~7cm，长于雄蕊，柱头3~4裂。

果 蒴果近球形，成熟时3裂，具种子多数；种子黑色。

引种信息

西双版纳热带植物园 登录号00,2001,1509，2001年引自广东广州；生长状态良好。

华南植物园 登录号20051015，2005年引自广西桂林阳朔；生长状态良好。

厦门市园林植物园 登录号2008246，2008年引种自深圳仙湖植物园；生长状态良好。

昆明植物园 登录号K19850055，1985年引自广西药用植物园；生长状态一般。

桂林植物园 引种记录不详；生长状态良好。

杭州植物园 引种记录不详；生长状态良好。

海医大药植园 登录号20170003，引种号JM2017003，2017年引种自华南植物园；生长状态良好。

物候

西双版纳热带植物园 1月上旬至3月上旬抽出新叶，5月中旬现蕾期，5月下旬始花期，6月上旬至10月上旬盛花，10月下旬花末期；果期8~10月。

华南植物园 6月上旬现蕾期，花期6月中旬至11月下旬，盛花期6月下旬至9月下旬；果期8月中旬至9月下旬。

厦门市园林植物园 7月上旬现蕾期，7月中旬始花期，8月至9月上旬盛花期，9月下旬至10月上旬花末期；8~10月果期。

昆明植物园 植株地上部分在冬季枯萎、倒伏；4月下旬至5月上旬，抽出新叶；6月上旬开花，花期较短，2~3天；未观察到果实。

桂林植物园 植株地上部分冬季枯萎、倒伏；4月中旬抽出新叶；5月中旬现蕾期，盛花期不明显，花期5月上旬至9月中旬；未观察到果实。

杭州植物园 6月中下旬现蕾期，花期6月中下旬至9月下旬，盛花期不明显；果期7月中旬至9月下旬。

海医大药植园 6月中旬现蕾期，花期6月中旬至9月下旬，盛花期不明显；果期7月中旬至9月下旬。

栽培管理特点

生性强健。喜温暖、阳光充足的栽培环境，稍耐寒，以肥沃、排水性好的黏性壤土为宜。花期常发生蓟马、葱兰夜蛾和斜纹夜蛾危害。

主要用途

观赏：叶形优美，花色艳丽，适于庭院观赏或草坪地被植物。

药用：全草入药，具有散热解毒，活血凉血的功效。

中国迁地栽培植物志·石蒜科·葱莲属

株型　花蕾　花　花侧面观

57 黄花葱莲

别名： 黄花葱兰

Zephyranthes citrina Baker, Bot. Mag. 108: t. 6605. 1882.

华南植物园栽培

自然分布

原产阿根廷、秘鲁。中国南方城市及部分植物园有栽培。

迁地栽培形态特征

多年生草本，具鳞茎。

鳞茎 卵形至卵圆形，长1.7~2.2cm，直径1.1~1.4cm。

叶 具叶3~7枚，叶片细，线形，长25~45cm，宽约3mm，扁平，稍对折，深绿色。

花 花葶长18~30cm；总苞片长约2cm；花梗长3.5~4.8cm；花长3.8~4.5cm，直径4~4.5cm，花被管长1~1.2mm，绿色至淡绿色，花被片6枚，2轮，倒披针形，长3~3.5cm，宽0.7~0.9cm，黄色；雄蕊6枚，花丝长1.2~1.4cm，等长或近等长，花药线形，长5~6mm；子房长3.5~4mm，花柱长约2cm，稍短于雄蕊，柱头头状，3裂。

果 蒴果近球形，直径1.5~1.8cm，具种子10~20枚；种子黑色，半圆形，稍扁平，长7~8mm，宽约4mm。

引种信息

华南植物园 登录号20061033，2006年引自福建；生长状态良好。

厦门市园林植物园 登录号20140361，2014年引自广西药用植物园；生长状态良好。

物候

华南植物园 6月上旬现蕾期，花期6月中旬至12月上旬，盛花期6月下旬至9月下旬；果期6月下旬至12月下旬。

厦门市园林植物园 5月现蕾期，6月上旬始花期，7~8月盛花期，9月下旬花期；6~9月果熟期。

栽培管理特点

生性强健。喜温暖、湿润、阳光充足的栽培环境，耐旱，稍耐寒，以肥沃、排水性好的壤土和砂质壤土为宜。花期常发生蓟马、葱兰夜蛾和斜纹夜蛾危害。

主要用途

观赏：花色明艳、雅致，用作疏林下、林缘、开阔地的地被花卉，也适于用作岩石园、旱溪中的植物点缀，可庭院小径旁种植，亦可盆栽供室内观赏。

58 玫瑰韭莲

别名： 小韭莲

Zephyranthes rosea Lindl., Bot. Reg. 10: t. 821. 1824.

西双版纳热带植物园栽培

自然分布

原产古巴。中国南方城市及部分植物园有栽培。

迁地栽培形态特征

多年生草本，具鳞茎。

鳞茎 卵圆形，长1.5~2.1cm，直径1~1.5cm。

叶 具4~9枚叶，叶片带状，长10~18cm，宽5~6mm，扁平，深绿色。

花 花葶长12~18cm；总苞片长约2cm；花梗长3.5~4cm；花长3.5~4cm，直径4~4.5cm，花被管长5~7mm，淡绿色，花被片6枚，2轮，倒狭卵状椭圆形至倒披针形，长3~3.5cm，宽0.8~1cm，桃红色；雄蕊6枚，花丝长1.6~2cm，等长，花药线形，长6~8mm；子房长约3mm，花柱长2.5~3cm，长于雄蕊，柱头3裂。

果 蒴果近球形，直径9~10mm，成熟时3片裂，具种子12~18枚；种子黑色，扁平。

引种信息

西双版纳热带植物园 登录号00,2001,3068，2001年引自云南麻栗坡；生长状态良好。

华南植物园 登录号20114381，2011年网络购买；生长状态良好。登录号20182011，2008年引自广州市林业科学研究所；生长状态良好。

厦门市园林植物园 登录号20140188，2014年引自深圳仙湖植物园；生长状态良好。

物候

西双版纳热带植物园 4月上旬现蕾期，4月中旬始花期，5月上旬至6月上旬盛花期，10月下旬花末期；未能观察到结果实。

华南植物园 8月上旬现蕾期，花期8月上旬至9月上旬，盛花期8月中下旬；果期8月中旬至9月下旬。

厦门市园林植物园 5~6月展新叶，7月下旬现蕾期，8月上旬始花期，8月中旬至9月上旬盛花期，9月中下旬花末期；8月下旬至9月果熟期。

栽培管理特点

生性强健。喜温暖、湿润的栽培环境，半荫蔽及阳光充足环境下均能生长，向阳处花量大，稍耐旱，稍耐寒，以肥沃、排水性好的壤土为宜。花期常发生蓟马、葱兰夜蛾和斜纹夜蛾危害。

主要用途

观赏：叶形优美，花色艳丽，观赏性强，可用于园林绿化和庭院观赏，适于路边、花坛、花境配置和草坪地被植物。

华南植物园栽培

花蕾

盛花期　　　花　　果实

203

参考文献
References

董祖林,等,2015. 园林植物病虫害识别于防治[M]. 北京：中国建筑工业出版社.
黄宏文,2015. 新花镜：琪林瑶华[M]. 武汉：华中科技大学出版社.
黄宏文,2015. 中国迁地栽培植物大全：第1卷[M]. 北京：科学出版社.
欧阳底梅,宁祖林,彭彩霞,2020. 华南新优园林植物[M]. 北京：中国林业出版社.
邢福武等,2009. 中国景观植物[M]. 武汉：华中科技大学出版社.
徐晔春,朱根发,2012. 4000种观赏植物原色图谱[M]. 长春：吉林科学技术出版社.
薛聪贤,1999. 景观植物实用图鉴1：宿根草花150种[M]. 昆明：云南科学技术出版社.
ARTHUR C, 1988. The evolution and classification of flowering plants(2ed.)[M]. Bronx, New York: New York Botanical Garden.
BOO C M, OMAR-HOR K, OU-YANG C L, 2006. 1001 Garden Plants in Singapore[C]. Singapore: National Parks Board.
CHASE M W, REVEAL J L, FAY M F, 2009. A subfamilial classification for the expanded asparagalean families Amaryllidaceae, Asparagaceae and Xanthorrhoeaceae[J]. Botanical Journal of the Linnean Society, 161 (2): 132-136.
CHASE M W, REVEAL J L, FAY M F, 2009. A subfamilial classification for the expanded asparagalean families Amaryllidaceae, Asparagaceae and Xanthorrhoeaceae[J]. Botanical Journal of the Linnean Society, 161 (2): 132-136.
CHRISTENHUSZ M J M, BYNG J W, 2016. The number of known plants species in the world and its annual increase[J]. Phytotaxa, 261 (3): 201-217.
DUNCAN G, 2016. The Amaryllidaceae of Southern Africa[M]. Karoo: Umdaus press. .
FAY M F, Chase M W, 1996. Resurrection of Themidaceae for the Brodiaea alliance, and Recircumscription of Alliaceae, Amaryllidaceae and Agapanthoideae[J]. Taxon, 45 (3): 441-451.
GARY M, JANE M, 2001. Bulbs of North America[M]. Portland: Timber Press.
HSU P S, KURITA S, YU Z Z et al., 1994. Synopsis of the genus *Lycoris*[J]. Sida Contributions to Botany, 16(2): 301-331.
JI Z, MEEROW A W, 2000. *Lycoris* Herb., Amaryllidaceae[M]//Wu Z. Y. & Raven P. H. (eds.), Flora of China, vol. 24: 266. Science Press, Beijing & Missouri Botanical Garden Press, Saint Louis.
KURITA S, HSU P S, 1996. Hybrid complexes in *Lycoris* (Amaryllidaceae)[J]. American Journal of Botany, 89: 207.
LU Y J, WANG T, WANG Y C et al., 2020. *Lycoris tsinlingensis* (Amaryllidaceae), a new species from Shaanxi, China[J]. Ann. Bot. Fennici , 57: 193-196.

MEEROW A W, CLAYTON J R, 2004. Generic relationships among the baccate-fruited Amaryllidaceae (tribe Haemantheae) inferred from plastid and nuclear non-coding DNA sequences[J]. Plant Systematics and Evolution, 244 (3-4): 141-155.

MEEROW A W, FAY M F, GUY C L et al., 1999. Systematics of Amaryllidaceae based on cladistic analysis of plastid rbcL and trnL-F sequence data[J]. Am. J. Bot, 86 (9): 1325-1345.

MEEROW A W, FRANCISCO-ORTEGA J, Schnell R J, 2006. Phylogenetic relationships and biogeography within the Eurasian clade of Amaryllidaceae based on plastid ndhF and nrDNA ITS sequences: lineage sorting in a reticulate area?[J]. Systematic Botany, 31 (1): 42-60.

MEEROW A W, GUY C L, Li Q B et al., 2000. Phylogeny of the American Amaryllidaceae Based on nr, DNA ITS Sequences[J]. Systematic Botany, 25 (4): 708-726.

MEEROW A W, GUY C L, Li Q B et al., 2002. Phylogeny of the Tribe Hymenocallideae (Amaryllidaceae) Based on Morphology and Molecular Characters[J]. Annals of the Missouri Botanical Garden, 89 (3): 400-413.

MEEROW A W, REVEAL J L, Snijman D A et al., 2007. Proposal to conserve the name Amaryllidaceae against Alliaceae, a "superconservation" proposal[J]. Taxon, 56 (4): 1299-1300.

MEEROW A W, REVEAL J L, Snijman D A et al., 2007. Proposal to conserve the name Amaryllidaceaeagainst Alliaceae, a "superconservation" proposal[J]. Taxon., 56 (4): 1299-1300.

MEEROW A W, SNIJMAN D A, 2001. Phylogeny of Amaryllidaceae Tribe Amaryllideae Based on nrDNA ITS Sequences and Morphology[J]. American Journal of Botany, 88(12): 2321-2330.

MEEROW A W, SNIJMAN D A, 2006. The never-ending story: multigene approaches to the phylogeny of Amaryllidaceae[J]. Aliso, 22: 355-366.

MEEROW A W, SNIJMAN D A, 2006. The never-ending story: multigene approaches to the phylogeny of Amaryllidaceae[J]. Aliso, 22: 355-366.

MEEROW A W, WERFF H D W, 2004. Pucara (Amaryllidaceae) Reduced to Synonymy with Stenomesson on the Basis of Nuclear and Plastid DNA Spacer Sequences, and a New Related Species of Stenomesson[J]. Systematic Botany, 29 (3): 511-517.

QIAN X H, CHEN S C, HSU Y, et al., 1985. Amaryllidaceae[M]//Pei Chien & Ting Chih-tsun, eds., Fl. Reipubl. Popularis Sin, 16(1): 1-42.

SAINT-HILAIRE J, HENRI J, 1805. Exposition de familles naturales[M]. Paris: Treutel et Würtz.

THORNE R F, 1976. A Phylogenetic Classification of the Angiospermae[J]. Evolutionary Biology, 9: 35-106.

THORNE R F, 1992. Classification and geography of the flowering plants[J]. The Botanical Review, 58 (3): 225-348.

WEI Q M, LU Z, JIAN W S et al., 2018. A new natural allotriploid, *Lycoris* × *hubeiensis* hybr. nov. (Amaryllidaceae), identified by morphological, karyological and molecular data[J]. Nordic J. Bot.

WILLIAM H, 1837. Amaryllidaceae: Preceded by an Attempt to Arrange the Monocotyledonous Orders, and Followed by a Treatise on Cross-bred Vegetables, and Supplement[M]. London: Ridgway.

附录1　各植物园栽培石蒜科植物种类统计表

序号	物种名称	拉丁名	海医园	杭州园	华南园	南京园	厦门园	版纳园	庐山园	昆明园	重庆园	桂林园	北京园	红色名录等级	是否特有物种
1	君子兰	Clivia miniata	√	√	√	√		√		√		√			
2	垂笑君子兰	Clivia nobilis		√	√	√	√	√				√			
3	红花文殊兰	Crinum × amabile				√		√	√			√			
4	文殊兰	Crinum asiaticum var. sinicum		√	√	√	√	√				√			√
5	红叶大文殊兰	Crinum asiaticum var. pedunculatum			√										
6	硬叶文殊兰	Crinum firmifolium			√	√		√							
7	香殊兰	Crinum moorei			√	√									
8	短葶仙茅	Curculigo breviscapa			√									VU	√
9	大叶仙茅	Curculigo capitulata			√		√	√						LC	
10	绒叶仙茅	Curculigo crassifolia			√					√				LC	
11	光叶仙茅	Curculigo glabrescens			√									LC	
12	疏花仙茅	Curculigo gracilis			√	√				√				LC	
13	仙茅	Curculigo orchioides			√							√		LC	
14	中华仙茅	Curculigo sinensis								√				LC	√
15	垂筒花	Cyrtanthus mackenii			√										
16	南美水仙	Eucharis × grandiflora			√	√	√								
17	龙须石蒜	Eucrosia bicolor			√		√								
18	壮石蒜	Habranthus robustus													
19	虎耳兰	Haemanthus albiflos			√	√									
20	白肋朱顶红	Hippeastrum reticulatum var. striatifolium				√			√	√					
21	朱顶红	Hippeastrum striatum		√	√	√	√		√						
22	水鬼蕉	Hymenocallis littoralis			√										
23	小金梅草	Hypoxis aurea			√	√									
24	夏雪片莲	Leucojum aestivum			√										
25	乳白石蒜	Lycoris albiflora			√	√								LC	
26	安徽石蒜	Lycoris anhuiensis			√	√								EN	√
27	忽地笑	Lycoris aurea		√	√	√	√					√		LC	
28	短蕊石蒜	Lycoris caldwellii		√	√									NT	√
29	济州石蒜	Lycoris chejuensis			√										
30	中国石蒜	Lycoris chinensis												LC	√
31	广西石蒜	Lycoris guangxiensis		√	√									VU	√
32	红蓝石蒜	Lycoris haywardii			√										√
33	江苏石蒜	Lycoris houdyshelii			√									VU	√
34	湖北石蒜	Lycoris hubeiensis			√										√

附录 1　各植物园栽培石蒜科植物种类统计表

（续）

序号	物种名称	拉丁名	海医园	杭州园	华南园	南京园	厦门园	版纳园	庐山园	昆明园	重庆园	桂林园	北京园	红色名录等级	是否特有物种
35	香石蒜	*Lycoris incarnata*		√		√								DD	√
36	长筒石蒜	*Lycoris longituba* var. *longituba*		√		√	√	√						VU	√
37	黄长筒石蒜	*Lycoris longituba* var. *flava*			√	√								VU	√
38	石蒜	*Lycoris radiata*	√	√	√	√	√					√			
39	玫瑰石蒜	*Lycoris rosea*			√	√		√						LC	√
40	血红石蒜	*Lycoris sanguinea*		√											
41	陕西石蒜	*Lycoris shaanxiensis*			√	√								LC	√
42	换锦花	*Lycoris sprengeri*		√	√									LC	√
43	鹿葱	*Lycoris squamigera*			√									LC	
44	稻草石蒜	*Lycoris straminea*			√	√		√						VU	
45	秦岭石蒜	*Lycoris tsinlingensis*			√										√
46	黄裙水仙	*Narcissus bulbocodium*								√					
47	水仙	*Narcissus tazetta* subsp. *chinensis*	√	√											
48	假韭	*Nothoscordum gracile*			√		√								
49	晚香玉	*Polianthes tuberosa*			√							√			
50	玉簪水仙	*Proiphys amboinensis*			√										
51	淡红华胄	*Rhodophiala rosea*						√							
52	网球花	*Scadoxus multiflorus*			√		√								
53	龙头花	*Sprekelia formosissima*		√	√										
54	紫娇花	*Tulbaghia violacea*		√		√	√		√						
55	葱莲	*Zephyranthes candida*		√								√			
56	韭莲	*Zephyranthes carinata*		√	√	√			√			√			
57	黄花葱莲	*Zephyranthes citrina*			√	√									
58	玫瑰韭莲	*Zephyranthes rosea*				√	√								

*表中"海医园""杭州园""华南园""南京园""厦门园""版纳园""庐山园""昆明园""重庆园""桂林园""北京园"分别为海军军医大学药用植物园、杭州植物园、中国科学院华南植物园、江苏省中国科学院植物研究所南京中山植物园、厦门市园林植物园、中国科学院西双版纳热带植物园、江西省中国科学院庐山植物园、中国科学院昆明植物研究所、重庆市药物种植研究所（重庆药用植物园）、广西壮族自治区中国科学院广西植物研究所桂林植物园、中国科学院植物研究所北京植物园的简称。

附录2 各植物园地理环境

海军军医大学药用植物园

海军军医大学药用植物园（第二军医大学药用植物园），位于上海市杨浦区，北纬31°18′，东经121°30′，海拔10.51m。属于北亚热带季风气候，四季分明，日照充分，雨量充沛。气候温和湿润，春秋较短，冬夏较长。全年平均气温15.7℃，无霜期279天，降水量1178mm。

杭州植物园

地处杭州市西湖区桃源岭，北纬30°15′，东经120°07′，占地248.46hm²，园内地势西北高，东南低，中间多波形起伏，海拔10~165m，丘陵与谷地相间，大小水池甚多。地带性植被为亚热带针叶林、常绿阔叶林、常绿落叶阔叶混交林、落叶阔叶林、以及针阔叶混交林。属于亚热带季风气候，四季分明，雨量充沛。夏季气候炎热、潮湿，冬季寒冷、干燥。全年平均气温≥17℃，极端最高气温43℃，极端最低气温-15℃，1月（最冷月）平均气温3.5~5.0℃，7月（最热月）平均气温27.6~28.7℃，平均初霜期在11月中旬至下旬，≥0℃的积温在5500~6500℃之间，≥10℃的积温为4700~5700℃，平均相对湿度70.3%，年平均降水量1454mm，年平均蒸发量1150~1400mm，年日照时数1765小时，土壤属红壤和黄壤，含氮量为0.29~2.51g/kg，有效磷为4.88~35.50mg/kg，速效钾为94.04~228.06mg/kg，pH 5.58~6.67。

中国科学院华南植物园

位于广州东北部，地处北纬23°10′，东经113°21′，海拔24~130m的低丘陵台地，地带性植被为南亚热带季风常绿阔叶林，属南亚热带季风湿润气候，夏季炎热而潮湿，秋冬温暖而干旱，年平均气温20~22℃，极端最高气温38℃，极端最低气温0.4~0.8℃，7月平均气温29℃，冬季几乎无霜冻。大于10℃年积温6400~6500℃，年均降水量1600~2000mm，年蒸发量1783mm，雨量集中于5~9月，10月至翌年4月为旱季；干湿明显，相对湿度80%。干枯落叶层较薄，土壤为花岗岩发育而成的赤红壤，砂质土壤，含氮量0.068%，速效磷0.03mg/100g土，速效钾2.1~3.6mg/100g土，pH 4.6~5.3。

江苏省中国科学院植物研究所南京中山植物园

位于南京东郊风景区，地处北纬32°07′，东经118°48′，海拔40~76m的低丘，地带性植被为亚热带常绿、落叶阔叶混交林，属亚热带季风气候，夏季炎热而潮湿，冬季寒冷，常有春旱和秋旱发生，冬季也常有低温危害。年均气温15.3℃，极端最高气温41℃，极端最低气温-15℃，冬季有冰冻。年均降水量1010mm，雨量集中于6~8月。枯枝落叶较薄，土壤为黄棕壤，pH 5.8~6.5。

厦门市园林植物园

位于福建厦门思明区，居厦门岛东南隅的万石山中，北纬24°27′，东经118°06′，海拔高度44.3~201.2m，属地处北回归线边缘，全年春、夏、秋三季明显，属南亚热带海洋性季风气候型，地带植被隶属于"闽西博平岭东南部湿热南亚热带雨林小区"。厦门年平均气温21.0℃，最低气温月（2月）平均温度12℃以上，最热月（7~8月）平均温度28℃，没有气温上的冬季，极端最低温度1℃（2016年1月24日），极端最高温38.4℃（1953年8月16日），年日照时数1672小时。年平均降水量在1200mm左右，每年5~8月雨量最多，年平均湿度为76%。风力一般3~4级，常向主导风力为东北风。由于太平洋温差气流的关系，每年平均受4~5次台风的影响，且多集中在7~9月。土壤类型为花岗岩风化物组成的粗骨性砖红壤性红壤，pH 5~6，土层不厚，有机质含量少，蓄水保肥能力差。

中国科学院西双版纳热带植物园

位于云南西双版纳勐腊勐仑镇，占地面积1125hm²。地处印度马来热带雨林区北缘（北纬20°4′，东经101°25′，海拔550~610m）。终年受西南季风控制，热带季风气候。干湿季节明显，年平均气温21.8℃，最热月（6月）平均气温25.7℃，最冷月（1月）平均气温16.0℃，终年无霜。根据降水量可分为旱季和雨季，旱季又可分为雾凉季（11月至翌年2月）和干热季（3~4月）。干热季气候干燥，降水量少，日温差较大；雾凉季降水量虽少，但从夜间到次日中午，都会存在大量的浓雾，对旱季植物的水分需求有一定补偿作用。雨季时，气候湿热，水分充足，降水量1256mm，占全年的84%。年均相对湿度为85%，全年日照数为1859小时。西双版纳热带植物园属丘陵-低中山地貌，分布有砂岩、石灰岩等成土母岩，分布的土壤类型有砖红壤、赤红壤、石灰岩土及冲积土。

中国科学院昆明植物研究所昆明植物园

位于昆明北郊，地处北纬25°01′，东经102°41′，海拔1990m，地带性植被为西部（半湿润）常绿阔叶林，属亚热带高原季风气候。年平均气温14.7℃，极端最高气温33℃，极端最低气温-5.4℃，最冷月（1月、12月）月均温7.3~8.3℃，年平均日照2470.3小时，年均降水量1006.5mm，12月至翌年4月（干季）降水量为全年的10%左右，年均蒸发量1870.6mm（最大蒸发量出现在3~4月），年平均相对湿度73%。土壤为第三纪古红层和玄武岩发育的山地红壤，有机质及氮磷钾的含量低，pH 4.9~6.6。

重庆市药物种植研究所（重庆药用植物园）

重庆市药物种植研究所（中国医学科学院药用植物研究所重庆分所）位于重庆南川金佛山北麓龙岩江畔三泉镇（北纬29°8′，东经107°12′，海拔560~600m），地处四川盆地东南边缘与云贵高原过渡地带。气候属亚热带季风性湿润气候，但山地形成的立体气候明显。气候温和，雨量充沛，既无严寒，又无酷暑，四季分明，霜雪稀少，无霜期长。热量丰富，年均温16.6℃，极端最高温度39.8℃，极端最低温度-5.3℃，年降水量1185mm，年日照时数1273小时，无霜期308天，相对湿度80%。所处地区以山地为主，南面的金佛山最高峰海拔达2238m，土壤主要以紫色土为主，偏酸性，土质肥沃，结构良好。

广西壮族自治区中国科学院广西植物研究所桂林植物园

位于广西桂林雁山，地处北纬25°11′，东经110°12′，海拔约150m，地带性植被为南亚热带季风常绿阔叶林，属中亚热带季风气候。年平均气温19.2℃，最冷月（1月）平均气温8.4℃，最热月（7月）平均气温28.4℃，极端最高气温40℃，极端最低气温-6℃，≥10℃的年积温5955.3℃。冬季有霜冻，有霜期平均6~8天，偶降雪。年均降水量1865.7mm，主要集中在4~8月，占全年降水量73%，冬季雨量较少，干湿交替明显，年平均相对湿度78%，土壤为砂页岩发育而成的酸性红壤，pH 5.0~6.0。0~35cm的土壤营养成分含量：有机碳0.6631%，有机质1.1431%，全氮0.1175%，全磷0.1131%，全钾3.0661%。

中国科学院植物研究所北京植物园

地处北京香山东南，距市区18km，位于北纬39°48′，东经116°28′，海拔76m；属于温带大陆性气候，冬季寒冷晴燥，春季干旱多风，夏季炎热多雨；年平均气温11.6℃，1月平均气温–3.7℃，极端最低气温–17.5℃，7月平均气温26.7℃，极端最高气温41.3℃；相对湿度43%~79%，年降水量634.2mm。

中文名索引

A
安徽石蒜 ··· 114

B
白肋朱顶红 ··· 93

C
长筒石蒜 ··· 138
垂筒花 ··· 73
垂笑君子兰 ··· 33
葱兰 ··· 193
葱莲 ··· 193

D
大叶仙茅 ··· 57
淡红华胄 ··· 178
稻草石蒜 ··· 157
短蕊石蒜 ··· 119
短葶仙茅 ··· 54

F
风雨花 ··· 196

G
光叶仙茅 ··· 62
广西石蒜 ··· 127

H
红花葱兰 ··· 196
红花文殊兰 ··· 37
红蓝石蒜 ··· 129
红叶大文殊兰 ····································· 43
忽地笑 ··· 116
湖北石蒜 ··· 134
虎耳兰 ··· 89
换锦花 ··· 153
黄花葱兰 ··· 199
黄花葱莲 ··· 199
黄裙水仙 ··· 163
黄长筒石蒜 ··· 141

J
济州石蒜 ··· 122
假韭 ··· 168
假玉簪 ··· 174
江苏石蒜 ··· 132
韭莲 ··· 196
君子兰 ··· 30

L
龙头花 ··· 186

龙须石蒜 ··· 81
鹿葱 ··· 155

M
玫瑰韭莲 ··· 201
玫瑰石蒜 ··· 146

N
南美水仙 ··· 77

Q
秦岭石蒜 ··· 160

R
绒叶仙茅 ··· 60
乳白石蒜 ··· 111

S
陕西石蒜 ··· 150
石蒜 ··· 143
疏花仙茅 ··· 64
水鬼蕉 ··· 99
水仙 ··· 165

W
晚香玉 ··· 171
网球花 ··· 182
文殊兰 ··· 40

X
夏雪片莲 ··· 106
仙茅 ··· 67
香石蒜 ··· 136
香殊兰 ··· 49
小金梅草 ··· 103
小韭莲 ··· 201
血红石蒜 ··· 148

Y
硬叶文殊兰（新拟）························· 46
玉帘 ··· 193
玉簪水仙 ··· 174

Z
中国石蒜 ··· 124
中华仙茅 ··· 69
朱顶红 ··· 95
壮石蒜 ··· 85
紫娇花 ··· 189

拉丁名索引

C

Clivia miniata ············ 30
Clivia nobilis ············ 33
Crinum × amabile ············ 37
Crinum asiaticum var. *pedunculatum* ············ 43
Crinum asiaticum var. *sinicum* ············ 40
Crinum firmifolium ············ 46
Crinum moorei ············ 49
Curculigo breviscapa ············ 54
Curculigo capitulata ············ 57
Curculigo crassifolia ············ 60
Curculigo glabrescens ············ 62
Curculigo gracilis ············ 64
Curculigo orchioides ············ 67
Curculigo sinensis ············ 69
Cyrtanthus mackenii ············ 73

E

Eucharis × grandiflora ············ 77
Eucrosia bicolor ············ 81

H

Habranthus robustus ············ 85
Haemanthus albiflos ············ 89
Hippeastrum reticulatum var. *striatifolium* ············ 93
Hippeastrum striatum ············ 95
Hymenocallis littoralis ············ 99
Hypoxis aurea ············ 103

L

Leucojum aestivum ············ 106
Lycoris albiflora ············ 111
Lycoris anhuiensis ············ 114
Lycoris aurea ············ 116
Lycoris caldwellii ············ 119
Lycoris chejuensis ············ 122
Lycoris chinensis ············ 124
Lycoris guangxiensis ············ 127
Lycoris haywardii ············ 129

Lycoris houdyshelii ············ 132
Lycoris hubeiensis ············ 134
Lycoris incarnata ············ 136
Lycoris longituba var. *flava* ············ 141
Lycoris longituba var. *longituba* ············ 138
Lycoris radiata ············ 143
Lycoris rosea ············ 146
Lycoris sanguinea ············ 148
Lycoris shaanxiensis ············ 150
Lycoris sprengeri ············ 153
Lycoris squamigera ············ 155
Lycoris straminea ············ 157
Lycoris tsinlingensis ············ 160

N

Narcissus bulbocodium ············ 163
Narcissus tazetta subsp. *chinensis* ············ 165
Nothoscordum gracile ············ 168

P

Polianthes tuberosa ············ 171
Proiphys amboinensis ············ 174

R

Rhodophiala rosea ············ 178

S

Scadoxus multiflorus ············ 182
Sprekelia formosissima ············ 186

T

Tulbaghia violacea ············ 189

Z

Zephyranthes candida ············ 193
Zephyranthes carinata ············ 196
Zephyranthes citrina ············ 199
Zephyranthes rosea ············ 201